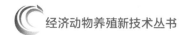
经济动物养殖新技术丛书

龟中奇葩

黑颈乌龟

GUIZHONG QIPA

HEIJING WUGUI

李贵生　邓德明　顾博贤 ◎ 主编

暨南大学出版社
JINAN UNIVERSITY PRESS

中国·广州

图书在版编目（CIP）数据

龟中奇葩：黑颈乌龟 / 李贵生，邓德明，顾博贤主编. —广州：暨南大学出版社，2014.12

ISBN 978 - 7 - 5668 - 1306 - 0

Ⅰ. ①龟… Ⅱ. ①李… ②邓… ③顾… Ⅲ. ①龟科—淡水养殖 Ⅳ. ①S966.5

中国版本图书馆 CIP 数据核字（2014）第 295711 号

出版发行：暨南大学出版社

地　址：	中国广州暨南大学
电　话：	总编室（8620）85221601
	营销部（8620）　85225284　85228291　85228292（邮购）
传　真：	（8620）　85221583（办公室）　85223774（营销部）
邮　编：	510630
网　址：	http://www.jnupress.com　http://press.jnu.edu.cn

排　版：广州良弓广告有限公司
印　刷：深圳市新联美术印刷有限公司

开　本：880mm × 1230mm　1/32
印　张：4.75
字　数：140 千
版　次：2014 年 12 月第 1 版
印　次：2014 年 12 月第 1 次

定　价：36.00 元

（暨大版图书如有印装质量问题，请与出版社总编室联系调换）

序

曾几何时，媒体一度报道它在野外绝迹，突然之间，它又像一匹黑马，一飞冲天，傲视群雄，成为龟友们心中的宠儿，这就是龟中奇葩——黑颈乌龟。缘何如此？一是黑颈乌龟野外栖息地狭窄，分布范围狭窄，种群数量稀少，物以稀为贵；二是黑颈乌龟有独特的医药作用，值得开发利用；三是黑颈乌龟抵抗力强，适应性广，产卵量多，生长速度快，种群易扩大，适宜人工养殖，便于推广。

目前，在韶关市水产管理局的关怀和大力支持下，在韶关市武江区大粤北黑颈乌龟养殖专业合作社的邓德明社长和蓝师胜先生的大力推动下，黑颈乌龟的人工养殖如日中天，欣欣向荣。据统计，2011年南雄市就有超过300户黑颈乌龟养殖专业户，年产龟苗约8 000只，产值达到近1亿元，使许多下岗职工和农民通过养殖该龟实现了脱贫致富的目标。近年来，黑颈乌龟的价格不断飙升，如龟苗市场价格2011年已达1.3万~1.5万元/只，2013年升到1.8万元/只，2014年超过2.0万元/只。其亲龟的价格更是居高不下，一只雌龟在2013年4月份时为45 000元/斤，至2013年12月份则为90 000元/斤。在诸多名龟品种中，黑颈乌龟竞争力最强。

从我国水产业的发展情况可以看出，产品的健康养殖非常重要。在20世纪80年代，鳗鱼的养殖在沿海各省迅速崛起，但后来由于病害的增加和产品质量的下降，养鳗业不断走下坡路；90年代则进入中华鳖大面积养殖的时期，但病害严重、用药不规范、水质污染等问题，使人工养殖的中华鳖让人吃了不放心，因而影响到整个养殖业。为了避免重蹈覆辙，养殖标准的制定非常重要。为此，我们申请编制了广东省地方标准《黑颈乌龟养殖技术规程》，为黑颈乌龟

1

的健康养殖打下了基础。为了进一步推广黑颈乌龟的养殖，实现其产业化，同时更有效地保护自然资源，保护生物多样性，造福子孙后代，我们编著了此书。书的内容涉及黑颈乌龟的文化底蕴，分类学，形态结构，黑颈乌龟的养殖、孵化和管理技术，杂交育种，组织学与免疫学，病害防治及保护与利用等，是一本系统介绍黑颈乌龟的著作，可供龟友们在养殖实践中参考和龟鳖爱好者阅览。

李贵生

2014 年 9 月于广州

目　录

附　录

第一章 概 述

龟具有深厚的文化底蕴，在古代，人类就喜爱龟和崇拜龟。近年来，龟的养殖发展很快，特别是名龟的养殖，更是发展迅猛。

黑颈乌龟（*Mauermys nigricans*）又称广东乌龟，主要分布于广东省粤北山区的南雄市、始兴县、仁化县和翁源县，喜栖息于山坑、丛林和水塘中。黑颈乌龟是龟中珍品，具有良好的医疗保健作用。目前，黑颈乌龟的养殖在全省甚至全国都进行了推广，其产生的经济效益越来越大，产生的社会效益也越来越大，已受到社会的广泛关注。但黑颈乌龟的养殖历史很短，有很多问题需要解决，如健康养殖的开展、种质资源的保护、遗传育种的实行及病害的防治等。

第一节 龟文化

一、轩辕黄帝是龟帝

人类伊始，就与龟结下了不解之缘。在古人眼里，"龟，天下神物也，龟、龙、麟、凤谓之四灵"（见唐·李华《卜论》）。龟又是先知先行的灵物。《洛书》曰："灵龟者，上隆法天，下平象地。"龟是整个宇宙的一个缩影。轩辕黄帝早期氏族部落就把龟视为神物，他们信仰大龟，视其为自己的祖先

图 1-1 黄帝

1

图1-2 黄帝像（据汉武梁祠石刻）

和保护神。左丘明纂《国语·周语》："我姬氏出自天鼋。"鼋，即大龟，姬氏是龟的传人。黄帝姓姬，号轩辕氏，这里的姬氏就是指黄帝氏族；他们以龟为荣，以龟为本氏族的象征，以龟的图案为本氏族的族徽，以龟为自己所崇拜的图腾而顶礼膜拜。

1991年美国华盛顿《国家地理》杂志10月刊介绍，在莫哈河奥次顿哥村发现黄帝后裔（今称易洛魁人）保存至1491年的一张鹿皮画，学者考证后确认为《轩辕酋长礼天祈年图》，上面画的就是

轩辕氏图腾的族徽天鼋龟。黄帝是少典的儿子，据传有一天下午，其母附宝正在山坡上祈祷时，突然刮起一阵旋风，霎时间，乌云翻滚，天昏地暗，只听得一声雷响，这时，一道白光绕北斗枢星在附宝头顶上直转圈，她被吓得蹲在地上，两眼紧闭，昏了过去。

当她醒过来时，只见满天星星，她借着星光，磕磕绊绊地回到他们居住的小山洞里，感觉头晕、恶心、肚疼，原来是怀孕了。

两年后，附宝生下个圆圆的大肉疙瘩，这肉疙瘩一落地，越变越大，眨眼工夫，从里面钻出来个十几岁大的孩子。老两口愣住了，孩子跪在两位老人面前，叫了声爹、娘，并讲了自己的身世。

图1-3 现代黄帝造像

这孩子原来是玉皇大帝的弟兄，天上的轩辕星，主管雷雨。他在玉皇大帝和黑风怪的搏斗中立过大功，救过玉皇大帝的命，玉皇大帝便让他住在天宫的中宫，还赐给他一条黄龙，他可以骑上黄龙任意游玩。

一天，各路神仙给玉皇大帝拜寿，酒宴上，轩辕向玉皇大帝提出，应该开开天戒，让各位神仙看看人间的景致。他这一说，正合各路神仙的心愿，都随声附和。因为是轩辕提出来的，玉皇大帝就破例答应了，不过，只准游看一遍，不准逗留片刻。

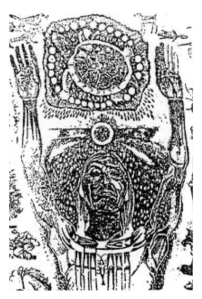

图1-4　轩辕酋长礼天祈年图

各位神仙驾着祥云，到人间转了一圈，便各自回去了。但轩辕看了又看，直到神仙们都走光了，他才回到宫中。

他看到老百姓受苦受难，就暗下决心，要到人间去，帮助百姓摆脱困境。这天，他找玉皇大帝和王母娘娘说了自己的打算，玉皇大帝和王母娘娘挽留不住他，才勉强答应。因为中宫是天的正中央，新郑是地的正中心，轩辕从中宫走出来，直下凡间，刚好看见附宝在祈祷，就投胎下凡了，因其有土德之瑞，又根植黄土，故曰黄帝。

在祈年图中双手擎天祈祷者为天鼋酋长，即轩辕黄帝氏族领袖，最上方的是雷雨之神，即天鼋巨灵龟。鼋龟对雷雨有预知感应能力，所以有关雷雨的二十四种天象皆由轩辕所主。因轩辕氏族的图腾徽识发祥于西北昆仑丘，所以，画中天鼋头向西北天山，龟背十三甲，周环轩辕星二十八宿，土星居中央，即土星居十三重天之上，为中央黄帝土。天鼋姬龟氏，黄帝犹言龟帝，合文作"黿"、"鼋"、"竜"，三字均音"龙"，黄帝即帝龟。轩辕星是龟象，所以说黄帝轩辕本是龟。后黄帝还将天鼋画在军旗上指挥打仗，他战炎帝，杀蚩

尤，先后历经五十二战，统一三大部落方进入黄河流域，遂形成中华民族，黄帝也被看作华夏族的始祖，所以有"崇拜天鼋，始于轩辕"之说，黄帝乃是"龟帝"也。

二、世界各国崇拜龟

龟不但在中国早就受到古人崇拜，而且在日本、菲律宾、越南、马来西亚以及欧美和非洲各国也非常受广大人民崇拜。所以，龟崇拜不是中国的专利，而是属于世界各国人民所共有的传统习俗。

希腊是神话故事的发源地。有关龟的故事是人尽皆知的。古希腊人爱龟，现代人更喜欢龟。就拿 2004 年在希腊举行的第 28 届奥运会来说，在新闻中心主席台旁边有一个近三平方米的小水池，养的不是金鱼之类，而是乌龟。

美国对龟同样十分崇拜，费朗克森城的城徽中就有海龟图案，西部拉斯维加斯机场的候机厅里就放着一只大石龟，美国夏威夷州众议院院长的私人办公室里就摆放着两个乌龟工艺品。

日本民间每逢喜庆良辰，总喜欢以精致的玻璃盒装一对金钱龟作为祝贺的馈赠礼物。龟不单是广大民众喜欢的宠物，还荣登国家元首赠送礼品榜单的高位，1985 年 10 月日本首相赠送了一对绿毛龟给美国总统，绿毛龟从此身价倍增。

法国前总统希拉克在庆祝他的宝石婚时，特意订制了两枚木制乌龟别针，送给他的夫人贝尔纳黛特作为圣诞礼物，使整个晚宴充满了亲密幸福的气氛。

英国及一些联邦成员国家，将龟刻在铸币上，正面是英国女王伊丽莎白二世的头像，反面是一只大海龟的图像；英属阿松森群岛发行的英国女王伊丽莎白登基 25 周年首日封上，盖销龟图邮戳，邮票中有一枚龟图邮票，实属罕见。由此可知，龟类在这些国家元首心目中是何等高贵，何等重要。

古印度婆罗门教的僧侣说，大地像个圆盾，由三头大象驮着，它们站在一只能浮在水面的巨大海龟背上，人类就生活在这个圆盾上。

南美洲的印第安人把龟当作"神"，是神圣不可侵犯的，当地流传着地球是龟壳裂开而形成的说法。

泰国有一座世界闻名的"龟庙"，虔诚的佛教徒常常将买来的龟放生在庙内的水池中，作为精神寄托，认为今生救了一条生命，来生将会过着幸福的生活，长命百岁。

越南首都河内的还剑湖中有一只千年巨龟，湖中心的小岛上建了一座龟塔。越南人认为，巨龟有仙气，所以把龟当作神仙来供奉。人们希望巨龟不仅能吸引各国游客，还能给河内带来一片祥和。

三、气功祖始是乌龟

自古以来，人们试图通过各种途径，来达到长寿，其中途径之一是修炼。修炼的方法很多，然而，若论历史悠久，影响较大的则是"服气"。

服气也叫"吐纳"，今天称为"气功"，说得确切一点，就是练内功。传说尧舜时有个名叫彭祖的人善于导引行气，活了八百多岁。据说这种气功的吐纳法就是向乌龟学来的。考古发现证明，在距今约 5 000 年以前，我国已有了模仿龟类呼吸运动的龟息气功锻炼法。1975 年在青海省乐都地区柳湾的三平台出土了一件马家窑文化时期的彩陶罐，在这件彩陶腹部正中有一彩绘浮塑练功人像，其形态双目微闭，口形张开近圆，微向外翻，腹部隆起，双手张开，置于下腹部两侧，两下肢呈弯曲状态，双脚平行分开比肩略宽，通观全身，为蹲裆式。有关专家鉴定表明，这个姿势与流传至今的龟息法中的某一练功姿势几乎完全相同。《诗经·名物图解》中说："龟蛇伏气，首皆向东。龟咽日气而寿，故养生者服日华。"距今 1 600 多年前的东晋著名道教理论家葛洪对于龟不饮、不食、不死以及人仿效龟长寿等方面作了许多调查、观察和研究，所以他在自己的《抱朴子·内篇》引述了《异闻记》里的一个故事，"古时有一个叫张广定的人，由于当时战乱再加上天灾，无法生活下去，所以准备逃荒他乡以求生机。张广定有一个 4 岁的女儿，年纪小走不动路，他想，如果带着女儿逃难，颠沛流离，忍饥挨饿，难免一死，要是把她抛弃路旁又于心不忍。几经冥思苦想，最后张广定想出一个主意，横下心把女儿放在一座古墓中，留下一些干粮，希望他日有命回乡，能收拾到女儿的尸骨，总算不枉父女一场。三年过去了，战乱平息，张广定带着悲痛的心情去收殓女儿的骸骨，打开古墓一看，大吃一惊，女儿居然还活着，开始以为是遇上鬼了，后来一看真是自己的女儿，张广定悲喜交集，问女儿在墓中是怎样活下来的。女儿说，干粮吃完了，肚子很饿，忽然看到黑暗处有一个东西，脖子一伸一缩在呼吸，于是便学那东西引颈吸气，渐渐地肚子就不饿了，就这样活到了今天。后来张广定在古墓中寻找那东西，原来是一只大乌龟"。相传气功中的吐纳之法就是受上面故事的启发而发明的。所以说乌龟是气功的祖始。在几千年的气功历史发展过程中，形成许多流派，但各流派的目的只有一个，就是健身长寿。据说气功练到最高境界就能像乌龟那样不吃不喝而"入蛰"，却病延年，长命百岁。就算练不到这种境界，但气功可以增进人们的健康是无可非议的。

四、吉祥长寿皆喜爱

在我国，龟是吉祥神灵之物，成为宝贵的象征，从而受到人们的普遍崇拜。轩辕氏族就把龟当作自己的祖先崇拜图腾，到商周时万事听"龟意"，将龟列为国宝，春秋时"阳虎盗宝"事件，实际上小家臣阳虎只是偷了鲁国几只乌龟而已。在汉代，大龟竟能与汉高祖处于同一祀位，足见龟在汉人眼中是宝中之宝。北魏孝明帝将公元 518—520 年的年号改为"神龟"。《周礼·春官》中以龟命名的官职叫"龟人"。战国时大将之旗以龟为饰叫"龟旗"。汉代取元龟铸九鼎称"龟鼎"，为国家重器、帝位的象征。丞相、诸侯的官印用黄金铸成龟纽，作为权力地位的象征。唐代"龟袋"又成为官员品爵高低的佩饰，规定三品以上佩金龟，四品佩银龟，五品佩铜龟。

因此，遂有了诗仙李白"醉解金龟"的传奇故事。

在民间，龟作为长寿延年之物得到更为广泛的应用。宋代以前，民间凡有嫁娶、生育、贺喜、建房等喜庆场合均有龟工艺品摆放在厅堂上，如女儿出嫁，娘家要送上一面雕有龟图案的铜镜，以示早生龟（贵）子。老人做寿要送龟鹤图，表示龟龄鹤寿。广州以及潮汕一带，已婚妇女将头发盘成丫髻，再包上龟壳，称龟髻，至新中国成立初期还在流行。有的人家，建房时在房屋四角及中央埋下活龟或龟形物，作为镇宅之物。海南岛黎族人居住的屋子，远看像只乌龟，寓意主人吉祥宝贵。

古代货币称龟币，元朝的压胜钱上铸有"龟鹤齐寿"、"龟龄鹤寿"等字样，表示吉利；以龟为题的图案，在画稿、家具、建筑物、石刻、什器等方面亦到处可见。

在台湾，民间崇拜龟的风俗更为盛行。每逢节庆、喜事、祭神等活动，均以各种龟形食品作为贺礼或贡品。品种有米龟、面龟、饼龟、红龟粿、糕子龟等十多种，这些制品虽工艺和质地各不相同，但都做得栩栩如生，非常动人。人们为了追求长寿，满足心理上的长寿欲望，总想托龟之名，将长寿之喜集己一身。如唐代宫廷乐工叫李龟年，宋代著名诗人陆游曾取龟的贵、闲、寿三义，称自己的居室为"龟堂"，自号"龟堂老叟"。北宋大文豪苏东坡被流放到海南岛时，他的学生葛延之特用大龟壳做成帽子，从江阴出发担簦万里送到老师手中，此事传为古今尊师的佳话。元代诗人谢应芳按龟壳形状来建造自己的居所，称为"龟巢"，并自称"龟巢老人"。清末，袁世凯次子袁克文，号寒云，曾用笔名"龟盦"。曾担任中共北方区委书记，并被孙中山指定为国民党"中央政治委员会"委员的李大钊，亦有"龟年"之号，可见龟在人们心目中是享有多么崇高的地位。

五、为龟昭雪正美誉

在远古的时候，人们对龟就十分崇拜，把它看作和龙、麟、凤并驾齐驱的"四灵"之一。人们认为它能兆凶吉、知人语，甚至因其寿命久长，阅世丰厚，善知未来而有"龟其神灵，降于上天"之说。因此，人们对龟爱而敬之。但在后来，龟却被贬为骂人之语，直至今日仍有讳龟者对龟有偏见之心，认为龟是一个耻辱的象征。据清代学者赵翼《陔余丛考·讳龟》考证："唐宋以来并非以龟为讳，自从元代开始以乌龟来羞辱娼妓之夫或妻子外淫的丈夫，人们就十分忌讳被称作为乌龟。"清·翟灏《通俗编》说："以妻子之外淫者，曰其夫为乌龟，盖龟不能性交，纵牝者与蛇交也。"那么造成这种局面的主要根源在哪里呢？

以目前可以查到的资料概说如下。东汉许慎在《说文解字》中解释："龟，旧也。外骨内肉者也。从它（蛇）。龟头与它（蛇）头同。天地之性，广肩无雄，龟鳖之类，以它（蛇）为雄。"西晋张华的《博物志》说："龟类无雄，与蛇通气则孕，皆卵生。"通气是交配的意思。南北朝时顾野王的《玉篇》中说："龟天生无雄，以蛇为雄也。"宋代罗愿撰的《尔雅翼》说："按大腰纯雌，细腰纯雄，故龟与蛇牝牡。"元末明初贾铭在《饮食须知》中说："龟雌雄尾交，亦与蛇匹。"贾铭比前面四者有了一点进步。明代李时珍在1596年出版的《本草纲目》中说："龟雌雄尾交，亦与蛇匹。"从贾铭到李时珍相隔近300年，但李时珍对龟交尾的说法一点没有改变，照搬了贾铭的说法。由此可见，古代科学落后，又不去观察龟的生物学特性，而是凭空想象认为龟有甲壳不能交配，就在文字上作如此草率的结论，这为后人贬龟提供了有力的证据，这是埋下的第一祸根。

此外，贬龟文艺作品的流行，导致了贬龟风气的蔓延，更加深了龟的名声的败坏。元末文学家陶宗仪在苏州种田时写的《南村辍耕录》载，"宅眷皆为撑目兔，舍人总作缩头龟"，把民间的"小兔望月而孕，妻有外遇"的传说故事，无端与龟附会起来，这是用龟作为骂人语言的最早记录，"讳龟始于元"的说法概出此处。

到了清光绪二十五年（1899年），程世爵出版的《笑林广记》载了"龟蛇结拜"的笑话："乌龟与长虫结拜，龟为兄，蛇为弟。把兄引把弟拜见把嫂，谁知龟喜与蛇交，把弟见了把嫂，眉来眼去，彼此传情，把兄一见，忙撒龟尿，将把弟围住。蛇畏其尿，不敢出其圈。把兄乃放心而去。把嫂见乌龟已走，潜将蛇驮出圈外，与之交，交毕，仍置圈中。乌龟回，见蛇尚在圈内，甚觉得意。乃自夸曰：'若不是我把老二装在圈子里，我这实缺乌龟，早加王八衔了。'"在《民俗丛书》"乌龟的词源"中也讲了类似这样的故事，这些故事在民间广为流传，使龟崇拜之风遭到严重破坏，龟的声誉也进一步降低。这是贬龟的又一祸根。龟是长寿之星，吉祥之物，无辜被蒙冤了600多年，甚至还被作为污秽詈语的代称。尽管如此，我们仍能欣慰地看到，全国现有亿万家庭将龟作为宠物饲养，学术界一批有识之士开始对龟文化产生浓厚兴趣，世界上诸多国家崇龟现象在不断升华。在弄清了龟被冤枉的根源之后，我们要向世人大声呼吁，要为龟平反昭雪，恢复其神灵之精的美誉。

第二节　分类地位及形态特征

一、分类地位

黑颈乌龟隶属龟鳖目（Testudines）、曲颈龟亚目（Cryptodira）、龟总科（Testudinoidea）、淡水龟科（Geoemydidae）、拟水龟属（*Mauremys*），主要分布于我国的广东、广西和海南等地。

二、常用术语

（一）稚龟
稚龟为刚孵出至孵出后 6 个月内（0~0.5 龄）的龟。

（二）幼龟
幼龟为 6 个月以上至 2 年（0.6~2 龄）的龟。

（三）亚成龟

亚成龟为 2 年以上至 5 年（2.1~5 龄）的龟。

（四）成龟

成龟为养殖 5 年以上（5.1 龄以上）的龟。

（五）亲龟

亲龟为用于繁殖的成龟。

（六）背甲（Carapace）

背甲由背甲盾片、背甲骨板及盾片与骨板的接缝构成。

1. 背甲盾片

椎盾（Vertebral）：背甲正中的一列盾片，一般为 5 枚。

颈盾（Cervical）：椎盾前方，嵌于左右缘盾之间的一枚小盾片。

肋盾（Costal）：椎盾两侧的两列宽大盾片，一般左右各 4 枚。

缘盾（Marginal）：背甲边缘的两列较小盾片，一般左右各 12 枚[背甲后缘正中的一对缘盾又称为臀盾（Supracaudal），这样，缘盾就为左右各 11 枚]。

2. 背甲骨板

椎板（Neural）：背甲骨板的中央一列叫椎板，一般为 8 枚。

颈板（Nuchal）：相当于颈盾部位的一块骨板。

上臀板（Suprapygal）：在第 8 枚椎板之后，一般有 2 枚，由前至后分别称为第一上臀板、第二上臀板。

臀板（Pygal）：在上臀板之后，1 枚。

肋板（Costal）：椎板两侧的骨板叫肋板，通常左右各有 8 枚。

缘板（Peripheral）：背甲边缘的两列骨板叫缘板，一般左右各 11 枚。

（七）腹甲（Plastron）

1. 腹甲盾片

腹甲盾片一般有呈左右对称的 6 对盾片，由前至后依次为：喉盾（Gular）、肱盾（Humeral）、胸盾（Pectoral）、腹盾（Abdominal）、股盾（Femoral）、肛盾（Anal）。左右喉盾之间的沟叫喉盾缝（Gular seam），喉盾与肱盾之间的沟叫喉肱缝（Gular-humeral seam）。其余依此类推。

2. 腹甲骨板

腹甲骨板主要由 9 块骨板组成，除内板成单块外，其余 8 块均成对，由前至后依次为：上板（Epiplastron）、内板（Entoplastron）（介于上板与舌板中央，其形状与位置变化很大，有时缺少）、舌板（Hyoplastron）、下板（Hypoplastron）、剑板（Xiphiplastron）。左右上板之间的骨缝叫上板缝（Epiplastron seam），上板与舌板之间的骨缝叫上舌缝（Epiplastron-hyoplastron seam）。其余依此类推。

（八）甲桥（Bridge）

甲桥为腹甲的舌板及下板伸长与背甲以韧带或骨缝相连的部分。此处外层的盾片尚可能有以下几种：

腋盾（Axillary）：甲桥前端的一枚小盾片。

胯盾（Inguinal）：甲桥后端的一枚小盾片，又称鼠蹊盾。

下缘盾（Inframarginal）：在腹甲的胸盾、腹盾与背甲的缘盾之间的几枚小盾片。

三、形态特征

（一）外部结构

黑颈乌龟的外部结构分为头部、颈部、背甲、腹甲、尾部和四肢六部分。

1. 头部

吻钝，吻略突出于上喙，向内下侧斜切。头部的大小、形状、

11

颜色和斑纹是区分不同地区出产的黑颈乌龟的主要依据之一。如广东韶关产的龟，头部较长。其雄性头顶有散在粉红色斑点，头部两侧有数条粉红色纵纹，直达颈部，其中与头顶相接处的一条特别粗大，比较平直，不分叉，呈两头细、中间粗的特征。颌粉红色，具细小的网状纵纹（图1-5、图1-6）。

图1-5 韶关产雄性黑颈乌龟，示头颈部之一

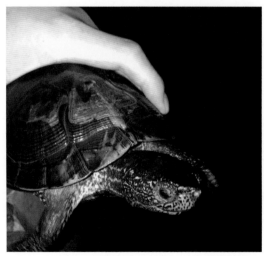

图1-6 韶关产雄性黑颈乌龟，示头颈部之二

图 1-7　韶关产雌性黑颈乌龟，示头颈部之一　　　图 1-8　韶关产雌性黑颈乌龟，示头颈部之二

　　韶关产雌性黑颈乌龟头顶光滑无斑点。头部两侧具有较长的三条纵纹，黄绿色，其中与头顶相接处的一条特别粗大。另有数条短纵纹，黄绿色。头颈部灰黑色。颈部有数条较细的黄绿色纵纹（图1-7、图1-8）。

　　广西产的龟头部略呈三角形，其雄性头顶光滑，头部两侧有数条花纹，虫蚀状，黄绿色；颌部粉红色（图1-9、图1-10）。

图 1-9　广西产雄性黑颈乌龟，示头部　　　图 1-10　广西产雄性黑颈乌龟，示头颈部和前肢

广西产雌性黑颈乌龟头顶光滑无斑纹，头部两侧有数条黄绿色纵纹，颌部花纹呈网状，黄绿色（图1-11）。

海南产的龟头部较饱满，特别中部较大，两头较小，略呈圆形。雄性头顶有呈淡粉红色的圆形小斑点。头部两侧有虫蚀状的粉红色斑块，颌部粉红色，上有黑色斑块（图1-12和图1-13）。雌性头顶光滑，灰黑色，无斑点。头两侧有纵纹数条，较明显，黄绿色。颌部有网状黄绿色斑纹（图1-14）。

2. 颈部

颈部的颜色和斑纹是区分不同地区出产的黑颈乌龟的主要依据之一。如韶关产的龟雄龟颈部有从头部两侧延伸下来的粉红色条纹（参见图1-5）；雌龟颈部有数条较细的黄绿色纵纹（参见图1-7、图1-8）。广西产的龟其雄性颈部有数条不连贯的黄绿色花纹（参见图1-10）；雌性颈部有不明显的散在的斑纹（参见图1-11）。

图1-11 广西产雌性黑颈乌龟，示头颈部（顺德志哥供稿，摘自《神龟网》）

图1-12 海南产黑颈乌龟，示头部

图1-14 海南产雌性黑颈乌龟，示头颈部

图1-13 海南产雄性黑颈乌龟，示头部

14

图1-15　韶关产黑颈乌龟，示背甲

图1-16　广西产黑颈乌龟，示背甲

3. 背甲

背甲中央具嵴棱，无侧棱，前缘较平，后缘无锯齿。不同产地的黑颈乌龟，其背甲的形状和颜色有差异。广东韶关产的龟背甲略呈椭圆形，颜色黑里透红（图1-15）。

广西产的龟背甲体中部较窄（俗称收腰），颜色偏黑（图1-16）。海南产的龟与广东韶关产的龟相似，背甲颜色黑里透红。

4. 腹甲

腹甲前缘平直，后缘缺刻较深。背甲与腹甲间借骨缝相连，甲桥明显，具腋盾和胯盾。腹甲上的颜色和斑纹变化较大。稚龟腹甲呈淡粉红色至红色，有些龟每个腹甲盾片上均有黑色斑点，从圆形至不规则形（图1-17）；有些龟在有些腹甲盾片上无斑点（图1-18）。

图1-17　稚龟腹甲之一

图1-18　稚龟腹甲之二

图1-19 幼龟腹甲之一

图1-20 幼龟腹甲之二

幼龟腹甲盾片呈淡粉红色，上面有不规则的黑色斑点（图1-19），有些呈放射状（图1-20）。

雌龟腹甲有些呈黑色（图1-21），有些呈黄色（图1-22）；雄龟腹甲呈棕色，上有黑色斑纹（图1-23、图1-24）。

腹甲盾片上的斑纹不规则，有些整体黑色无斑点（参见图1-21）；有些每个盾片两侧均有圆形黑色小斑点（参见图1-23）；有些盾片上有呈放射状的斑点（参见图1-20、图1-25）。

图1-21 雌龟腹甲之一

图1-22 雌龟腹甲之二

图 1-23　雄龟腹甲之一

图 1-24　雄龟腹甲之二

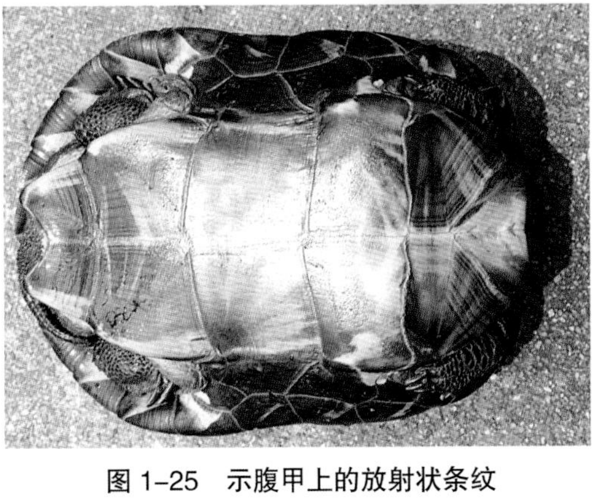

图 1-25　示腹甲上的放射状条纹

5. 尾部

尾部呈黑色且短。雄龟尾根部粗且较长，泄殖腔孔位于背甲后缘之外（图1-26），有些龟尾部腹面基部有一粗大的粉红色纵纹，直达泄殖腔孔（图1-27）。雌龟尾较细和较短，泄殖腔孔位于背甲后缘之内（图1-28）。

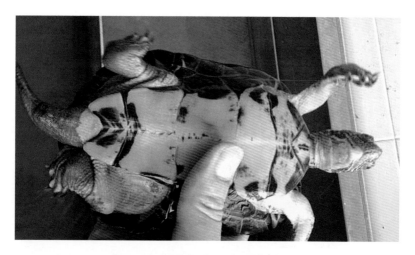

图1-26 雄性黑颈乌龟，示尾部之一

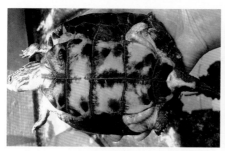

图1-27 雄性黑颈乌龟，示尾部之二

图1-28 雌性黑颈乌龟，示尾部

6. 四肢

四肢扁平，雄龟有粉红色斑点，两侧有 1 条黄绿色斑纹（图 1-29、图 1-30）；雌龟黑色，无条纹，具鳞，指、趾间具蹼。

图 1-29 雄性黑颈乌龟，示前肢的黄绿色条纹

图 1-30 雄性黑颈乌龟，示四肢

三种产地的黑颈乌龟的区别

产地	头部	颈部	背甲
广东韶关	较平直。雄性头部两侧有数条粉红色纵纹，直达颈部，其中与头顶相接处的一条特别粗大，较平直，不分叉，呈两头细、中间粗的特征。颔粉红色，具细小的网状纵纹。雌性头顶光滑无斑点。头部两侧具有较长的三条纵纹，黄绿色，其中与头顶相接处的一条特别粗大。另有数条短纵纹，黄绿色	雄性颈部有从头部两侧延伸下来的粉红色条纹。雌性颈部有数条较细的黄绿色纵纹	略呈椭圆形，颜色黑里透红
广西	略呈三角形。雄性头顶光滑，头部两侧有数条花纹，颜色较暗淡和较模糊。雌性头顶光滑无斑纹，头部两侧有数条黄绿色纵纹，颔部花纹呈网状，黄绿色	雄性颈部有数条不连贯的黄绿色花纹。雌性颈部有不明显的散在的斑纹	背甲体中部较窄，颜色偏黑
海南	较饱满，中部较大，两头较小，略呈圆形。雄性头顶有呈淡粉红色的圆形小斑点。头部两侧有虫蚀状的粉红色斑块，颔部粉红色，上有黑色斑块。雌性头顶光滑，灰黑色，无斑点。头两侧有纵纹数条，较明显，黄绿色。颔部有网状黄绿色斑纹	与韶关产的龟相似，花纹更明显	与韶关产的龟相似，背甲颜色黑里透红

（二）内部构造

黑颈乌龟的内部构造可分为呼吸、消化、循环、骨骼、肌肉、神经、排泄和生殖八大系统。

1. 呼吸系统

呼吸系统由呼吸道和肺部组成。肺位于背甲的内侧，共2叶，左右各1叶，为深红色的薄膜囊，发达。肺有许多隔膜把其分隔成许多细小的气室，每个气室由许多肺泡组成。

2. 消化系统

消化系统由消化道和消化腺两部分组成。消化道由前向后依次分为口（喙）、口腔、咽、食道、胃、小肠、大肠、泄殖腔和消化腺。

（1）口。

口位于头部的腹面，上、下颌有较为锐利的角质喙。口腔内有舌，舌位于口腔底部，为肌性器官，呈"人"字形，其前端与两侧有肌肉和韧带与下颌连接，故舌不能伸出口外。

（2）口腔。

口腔内的腺体包括腭腺、舌腺和舌下腺，其分泌物主要起润滑食物、帮助吞咽的作用。

（3）咽。

咽为位于口腔和食道之间的宽而短的管道，在咽的侧壁可见一对小孔通往鼓室，即咽鼓管孔。

（4）食道。

食道前端与咽相连，沿颈的腹面，在气管的左侧纵行向后，伸入体腔与胃相连，为肌肉质的管道，扩展性强。

（5）胃。

胃位于胸腹腔前方左侧，被肝叶所覆盖，是消化管的膨大部分，略呈 U 形，与小肠相通。胃可分为贲门、胃体及幽门三部分；贲门接食道，内壁有食道延伸的纵行皱褶；后部通过幽门与十二指肠相连。

（6）小肠。

小肠分为十二指肠、空肠和回肠三部分，十二指肠较粗短，空肠和回肠细长，但分界不明显。

（7）大肠。

大肠可分为盲肠、结肠和直肠三部分。盲肠是大肠的起始部位，介于回肠和结肠之间，借回肠系膜和结肠系膜与回肠后段和结肠前段连在一起，位于胸腹腔的右侧。盲肠壁薄，内壁光滑，仅在前段有一条粗的皱褶，由回肠末端内壁皱褶延伸而成。结肠粗大，壁薄，内壁光滑。结肠由右向左行进，行至左侧急向后弯曲，并变细成为

直肠，通往泄殖腔。

（8）泄殖腔。

泄殖腔呈囊状，为消化、泌尿、生殖三个系统的共同通道，以泄殖腔孔通体外。

（9）消化腺。

消化腺包括肝脏、胰腺和胆囊。肝脏很大，呈深褐色，可分左叶、中叶和右叶；左叶较大，覆盖着胃；中叶狭长，连接左右肝叶；右叶在中叶的后方又分出一小叶，右肝两小叶之间紧夹着一个暗绿色呈梨形的胆囊。胰腺浅红色，呈长条形，分布在十二指肠韧带内，有胰管通入十二指肠。

3. 循环系统

循环系统包括心脏与血管。心脏为两心房、一心室。心室内有不完整的隔膜。血液循环分为肺循环和体循环两部分，但为不完全双循环。

4. 骨骼系统

骨骼系统可分为外骨骼和内骨骼两大部分。外骨骼包括背甲和腹甲，内骨骼主要包括中轴骨（头颅骨、脊椎、胸骨和肋骨）和四肢骨。其特征是胸腰部的椎骨连同肋骨一起与背甲互相愈合；肩带位于肋骨的腹面；无胸骨，也不形成完整的胸廓；上胸骨和锁骨分别参与了腹甲的组成；头部最大的特点是头骨不具颞窝，方骨与颅骨固结，不能活动。

5. 肌肉系统

肌肉系统包括皮肌、闭口肌、开口肌、肋间肌、腹肌、躯干肌和附肢肌等。颈括约肌属于皮肌。始于颞部及上颌后部而止于下颌的颞肌和咬肌均为闭壳肌。起止于舌弓及下颌骨腹面的二腹肌为开口肌。腹肌由表及里分为外斜肌、内斜肌和横肌，具有协助呼吸的作用。四肢肌肉发达。

6. 神经系统

神经系统由中枢神经系统和周围神经系统组成。中枢神经系统包括脑和脊髓。脑分嗅叶、大脑半球、间脑、中脑、小脑和延脑六部分。大脑半球的体积明显地超过其他各部脑的体积，但其增大和加厚的主要部分仍局限于大脑底部的纹状体。脑部具有 12 对脑神经，脊神经和交感神经发达。

7. 排泄系统

排泄系统由肾脏、膀胱、输尿管和泄殖腔组成。肾为后肾，紧贴于躯体后半部的背壁，左右各一，暗红色，扁平椭圆形，其腹面中央略凹，背面中央隆起，边缘有缺刻，表面包有一层外膜，并在腹面内侧汇成肾脏系膜。肾脏由许多肾小体构成，肾小体包括肾小球和肾小管两部分。肾小球的核心是一团毛细血管网，与尿液的生成有关。肾小管后段有重吸收水分的作用。肾脏腹内侧面有一狭长橙红色的条形腺体，为肾上腺。

输尿管是从肾脏腹内侧面稍后发出的一小管，短而细，直达泄殖腔，开口于泄殖腔近端的腹面两侧。

膀胱位于腰带前方，泄殖腔的腹面，表面紧贴着一层腹膜，是一个大型双叶型无色透明的薄囊。

泄殖腔为直肠远端的膨大部分，是由肌性外壁围成的腔隙，其内有输尿管、膀胱和生殖道的开口，为排泄和生殖的共同通道。

8. 生殖系统

(1) 雄性生殖系统。

雄性生殖系统由精巢、附睾、输精管和阴茎组成。精巢黄色，扁平椭圆形，位于腰带前方背面两侧，由很短的精巢系膜连在腹膜上。附睾紧贴精巢后端，黑色，块状，比精巢大。精巢发出很多输出管经精巢系膜到达附睾，附睾表面有一些曲折隆起的管道，即附睾管，它具有贮存及活化精子的功能。输精管为附睾后端延伸的细管，其开口在泄殖腔近端，正位于阴茎基部的尿生殖乳突处，连通阴茎沟。阴茎单个，紫黑色，由两条海绵体构成，背面有一条纵沟，即阴茎沟，合拢时变成管状。阴茎海绵体肌肉质，伸展性好，远端膨大近似伞形，为阴茎头。

(2) 雌性生殖系统。

雌性生殖系统由卵巢、输卵管、子宫和阴蒂组成。卵巢呈长形

囊状，由卵巢系膜悬于腰带前方背面的背系膜上。输卵管为两头均开口的一对管子，前端开口于体腔，后端膨大为"子宫"。"子宫"壁厚而腔小，末端开口于泄殖腔。阴蒂是泄殖腔腹壁向腔内突起而形成的结构。

第三节　生态习性

一、生活习性

黑颈乌龟属水栖龟类，在自然界中，生活于丛林、山区的溪流、河流等地，有在原木或石块上晒背的习惯。

二、食性

杂食性，食物包括昆虫、螺类、小鱼、小虾、蚯蚓、水生植物等。

三、生长

在自然界中，由于食物和温度等的影响，黑颈乌龟生长较慢。在人工养殖条件下，可通过合理的营养和冬季加温等方法，使黑颈乌龟加快生长。

四、繁殖习性

（一）性成熟年龄
亲龟的性成熟年龄为 4~5 年。

（二）产卵习性和产卵量

黑颈乌龟在每年的 4 月份开始产卵，至 7 月份产卵结束。每年产 1~5 窝卵，每窝卵 5~13 枚。卵呈椭圆形，其长径最短为 38 mm，最长为 45.5 mm，平均 41.1 mm；短径最短为 22 mm，最长为 25 mm，平均 23.3 mm；卵质量最轻为 11.1 g，最重为 17.4 g，平均 14.68 g。受精卵中间有一白斑，逐渐向两极扩大（图 1-31）；未受精卵无白斑（图 1-32）。

图 1-31　受精卵

图 1-32　受精卵（上）与未受精卵（下）

（三）受精率和孵化率

黑颈乌龟的受精率约80%，孵化率约90%。

图 1-33　正在孵化的卵

（四）稚龟成活率

越冬后稚龟的成活率为98%以上。

第二章　人工繁育技术

第一节　环境条件

一、场地选择

养龟场一般避开闹市人员繁杂的地方，而选在环境安静的地方。因为龟习性胆小，喜静怕惊，受惊会影响其摄食生长及繁殖。要求生态环境良好，无或不直接受工业"三废"及农业、城镇生活、医疗废弃物污染的地域。水源要充足，符合《渔业水质标准》的规定，且进、排水便利。交通方便，供电正常。

二、龟池建造

（一）亲龟池

根据养殖环境，龟池可建水泥池或土池。

1. 水泥池

龟池的形状可以为长方形、方形、圆形及多边形。但以长方形较好，这样可充分利用土地，有利于生产布局和管理。长方形龟池又以东西向长，南北向短为好，使其有较长的光照时间。

龟池的面积以 $40 \sim 80$ m² 为宜，陆地与水体所占面积的比例为 $1:3$。龟池池底坡度为 $25° \sim 30°$，水深为 $25 \sim 35$ cm。陆地上需设置产卵场。产卵场挖坑 30 cm 深，并填满洁净的、粒径为 $0.5 \sim 0.6$ mm、厚度为 $30 \sim 40$ cm 的细沙。产卵场的面积可按产卵雌龟数

计算，一般每只雌龟 0.1 m² 为宜。龟池四周装防护网，顶部装遮阳网，营造阴凉、安静的环境。有进、排水系统，进、排水口设防逃栅栏。水池中可放养浮萍、水花生等水生植物，所占池面不超过 1/3。饲养池四周可种植各种观叶植物。

2. 土池

龟池面积为 600～900 m² 时，池深 1.8 m，水深 1.2～1.5 m 为宜。坡比为 1:3，坡岸四周留 1～2 m 宽的空地供亲龟活动，四周设 50 cm 高的防逃墙。池内设亲龟晒背台 3～4 个，每个 3～5 m²；设饲料台若干个，饲料台与水面呈 15°～30°倾斜，上半部高出水面 20 cm。池中放养浮萍、水花生等水生植物，所占池面不超过 1/3。在池边设产卵场，产卵场高出池水面 50 cm，面积按每只雌龟 0.1 m² 计算，内铺放粒径 0.5～0.6 mm、厚度 30～40 cm 的细沙。产卵场的上方有顶遮阳、挡雨。

（二）稚龟池

稚龟池一般为水泥池，面积 5～10 m²，长方形，池深 0.3 m，水深 0.01～0.05 m。1/5 为陆地，4/5 为水池，池底具坡度，一般为 30°。池要有进、排水系统，进、排水口设防逃栅栏。在稚龟入池前，龟池用 15 mg/L 的高锰酸钾浸泡进行全池消毒。

（三）幼龟池

一般建水泥池，面积为 20～30 m²，长方形，池深 0.5 m，水深 0.1～0.3 m。1/5 为陆地，4/5 为水池，池底具坡度，一般为 30°。池要有进、排水系统，进、排水口设防逃栅栏。

（四）亚成龟和成龟池

可建水泥池和土池。

1. 水泥池

水泥池面积为 50～100 m²，长方形，池深 1 m，水深 0.3～0.5 m。由于亚成龟和成龟在陆地上的活动较频繁，陆地所占的面积要比幼龟池大，一般为陆地：水面=1:3。可在陆地上种一些植物，如各种草本植物、美人蕉、小型果树等，使龟池尽量接近自然环境，以利于龟的活动和栖息。此外，成龟的攀缘能力较强，应把池角建成弧形或在池角嵌一块三角形水泥板，防龟逃逸。

2. 土池

土池面积为 50 ~ 100 m²，长方形，池深 0.8 m，水深 0.3 ~ 0.5 m。1/4 为陆地，陆地上种一些植物。3/4 为水池，池底具坡度，一般为 30°。池要有进、排水系统，进、排水口设防逃栅栏。

三、养殖用水

养殖用水有地面水和地下水两种。地面水通常来自湖泊、河流、水库及池塘。由于水体较大，环境参数变化幅度较小，溶氧量较高，是较理想的水源。但应注意，地面水易受环境污染，故在建场前要做好水质检测，要求水源的水质达到国家渔业水质标准（见附录1）。

优良的水源条件应是清洁、充足、无环境污染和不带病原生物，理化指标满足龟的生活需求。每个养殖池应有独立的进水与排水管道，养殖用水要先引入蓄水池，经沉淀、净化、消毒处理后再进入养殖池。

地下水主要是井水和地热水。地下水一般无污染，全年温度较稳定。但使用地下水时应注意，因地下水水温与龟池水温不同，温差较大，故换水时不能过快，否则会引起水温的突然变化而导致龟的不适。同时应注意，某些地下水含有毒气体，常见的如二氧化硫和沼气等。而且，大部分地下水含氧量较低，一些井水中氮、硫、铁、锰的含量过高，直接注入池中将影响龟的生长发育，故一般不能直接使用，必须经过曝气、过滤后才能放入池中。如龟场主要靠地下水源供水，建场前也要请有关单位进行水质化验，符合标准才能使用。利用温泉水和工厂余热水来养龟虽然不如养鳖普遍，但这是一条加速龟类生长，提高其产量的捷径，不过，在开发利用此类水源时仍首先要确认无毒和无污染，然后再采取适当措施（如降温、沉淀、净化、曝气等），对水体进行改良。

如无其他水源时，也可用自来水，但须建一贮水池，让自来水充分曝气后才流入池中，这样可减少余氯对龟类的影响，减少龟类疾病的发生。

四、放养前准备工作

（一）亲龟

1. 放养前清池

亲龟放养前要预先清理和消毒亲龟池，将龟池中的有害（如玻璃、瓦片、砖块等）、有毒物质清除；将龟池中存在的各种病原体，如细菌、病毒、真菌、寄生虫等杀灭，为亲龟创造一个优良的水生态环境。

（1）水泥池。

如为新建的水泥池，则需进行脱碱处理，其方法有：

① 过磷酸钙法。

每 1 000 mL 水中溶入过磷酸钙 1 kg，浸 1～2 d。

② 酸性磷酸钠法。

每 1 000 mL 水中溶入酸性磷酸钠 20 g，浸泡 2 d。

通过以上处理，可减少碱性物质对亲龟的影响。

（2）土池。

① 干池消毒。

放干池水，清淤，日晒 3～5 d。用生石灰 100 g/m²，以少量水化成浆全池泼洒。隔日注水至 1～1.5 m，5 d 后放龟。

② 带水消毒。

a. 生石灰消毒。

水深 1 m，用生石灰 200 g/m²，在池边溶化成石灰浆，均匀泼洒。5 d 后放龟。

b. 漂白粉消毒。

水深 1 m，用含有效氯 30% 的漂白粉 10 g/m²；加水溶解后，立即全池泼洒。5 d 后放龟。

2. 亲龟消毒

亲龟进池前要进行消毒，常用的方法是用高锰酸钾：浓度 15 ~ 20 mg/L，浸泡 15 ~ 20 min。或用聚维酮碘（含有效碘 1%）：浓度 30 mg/L，浸泡 15 min。

（二）稚龟

人工孵化的稚龟，须先进行收集和暂养，然后才转入稚龟池进行养殖。入池前用 1 mg/mL 的高锰酸钾溶液或 5% 的盐水浸泡消毒 15 min 左右。

（三）幼龟

幼龟入池前要进行龟池的消毒和幼龟体表的消毒。

（四）亚成龟和成龟

亚成龟和成龟入池前要进行龟池的消毒和龟体表的消毒。

第二节　亲龟培育

一、亲龟来源

亲龟宜选用野生或人工选育的非近亲交配育成的性成熟龟，形态应符合黑颈乌龟的分类特征，要求外形完整、反应灵敏、两眼有神、肌肉饱满有弹性、四肢粗壮、体色正常、体表无创伤和溃烂、无畸形、头颈伸缩自如。年龄为雄性 6 冬龄以上，雌性 5 冬龄以上，体重应在黑颈乌龟的正常生长范围内。

二、亲龟消毒

亲龟进池前要进行消毒，常用的方法是用高锰酸钾：浓度 15 ～ 20 mg/L，浸泡 15 ～ 20 min。或用聚维酮碘（含有效碘 1%）：浓度 30 mg/L，浸泡 15 min。

三、性比

雌雄比例为（2 ～ 3）:1。

四、放养密度

水泥池 3 只/平方米；土池 1 只/平方米。

五、饲养

(一) 饲料种类和质量

亲龟的饲料包括动物性饲料和植物性饲料。动物性饲料有鲜活的小鱼、小虾、蚯蚓、黄粉虫等。植物性饲料有香蕉、南瓜和红薯等。

动物性饲料要求不变质、无污染；植物性饲料要求新鲜、无药物残留。

(二) 投喂方法

投喂应严格按照定质、定量、定时、定点的"四定"原则。

1. 定质

动物性饲料和植物性饲料应新鲜、无污染、无腐败变质。专用配合饲料质量应符合 NY 5072 的规定。以动物性饲料为主。

2. 定量

鲜活饲料日投量为亲龟体重的 5% ～ 8%，配合饲料为龟体重的 1% ～ 3%，具体投喂量根据水温、天气情况和亲龟的摄食强度及时进行调整，控制在 2 h 内吃完为宜。

3. 定时

龟的摄食量随水温的变化而增减，水温 20℃时，2 d 投喂一次；水温 25℃以上时，1 d 投喂一次。投喂时间为 17∶00 左右。

4. 定点

饲料投在饲料台上。饲料台高出水面 1 ~ 5 cm。

六、管理

(一) 水质管理

龟池水质须符合 GB 11607 《渔业水质标准》的规定。用换水和加水方法调节水质，使水色呈淡绿色，透明度 20~30 cm。

(二) 日常管理

每天早晚巡池两次，观察水质变化情况和亲龟摄食、活动情况；及时清除残余饲料和污物，清扫饲料台；检查进、排水及防逃设施，完成巡池日志。

(三) 冬眠期管理

做好冬眠前的准备工作，包括池水的更新，池底的清理消毒，亲龟的消毒，龟窝的清洁、整理、消毒等。冬眠期工作的重点是保温和防范敌害生物侵袭。当冬季到来，室外气温降到 20℃以下时应在顶棚上用保温材料（石棉瓦或塑料薄膜）保温。

七、繁殖

(一) 产卵季节

产卵季节为 4 月份至 8 月份。

(二)产卵前准备

在龟的产卵季节来临之际，要对产卵场进行清理，将产卵场的杂草、树枝、烂叶清除，将板结的沙地翻松整平，疏通排水渠道。经常检查龟池四周有无蛇、鼠、猫等有害动物。孵化室和孵化箱要做好消毒和清洗工作。孵化用沙可用 20 mg/L 的漂白粉溶液浸泡消毒，然后清洗干净，在阳光下晒干或烘干。

(三)受精卵的收集和挑选

在整个产卵季节，每天早上和傍晚均要巡视产卵场，仔细检查产卵场是否有雌龟产卵的痕迹或是否有雌龟挖穴准备产卵。发现产卵痕迹时做好标记，48 h 后待受精卵出现白斑时再收集。卵收集的时间以 8：00 ~ 9：00 或 17：00 ~ 18：00 为宜。收卵时动作要轻柔，避免损伤卵壳。

(四)受精卵孵化

1. 孵化容器

孵化容器用木箱、陶瓷盆、泡沫箱、塑料箱或水泥池均可。木箱的规格一般为 40 cm × 30 cm × 20 cm。孵化房内安装控温、控湿设备。

2. 孵化介质

孵化介质是指用来埋置龟卵进行孵化的物质。能保温、保湿、通气且对龟卵无毒、无损伤的物质均可作为孵化介质。常用的孵化介质有沙、土、沙土混合物及蛭石等。沙用无污染的河沙，沙的粒径为 0.5 ~ 0.7 mm。土用无污染的黄色土或红色土。沙土混合物中沙与土的比例为 1:1。蛭石的粒径为 0.3 ~ 0.6 mm。孵化介质应新鲜，并经消毒后使用。

3. 受精卵的摆放

孵化器底部铺孵化介质 5 ~ 10 cm，将受精卵平放，有白斑的一面（动物极）朝上，卵间距为 2 ~ 3 cm，卵上面再铺孵化介质 3 ~ 5 cm。

4. 温度控制

孵化温度以 26℃ ~ 32℃为宜。

5. 湿度控制

孵化介质中河沙及黄土的含水量（重量比）为 6% ~ 9%。

6. 孵化管理

孵化的日常管理包括检查温度、湿度、通风情况，防止敌害生物侵袭和认真做好记录等。要保持孵化室适宜的温、湿度和孵化介质的适宜湿度，及时清除坏卵。

第三节　稚龟饲养

一、稚龟收集

如用水泥池孵化，在稚龟快要孵出前，于水泥池的一端安置一个盛有半盆水的塑料盆，盆底铺厚 2 ~ 3 cm 的细沙，盆口外沿低于沙层表面或与沙层平齐，便于稚龟爬入盆中，从而收集刚孵出的稚龟。如用木箱孵化，稚龟孵化后即爬出沙表面，此时可进行人工收集。

二、稚龟暂养

刚孵出的稚龟腹甲较软，有些在其腹部尚留有卵黄囊，此时宜放在塑料盆或木盘中用清水暂养，水深约 2 cm。稚龟孵出后第 3 天开始喂食，可投喂熟蛋黄、红虫和肉泥等。日投喂量占稚龟体重的 8%~10%，每天投喂 2 次，早、晚各 1 次，喂食后 0.5 ~ 1 h 换水。稚龟暂养一周后可移入稚龟池饲养。

三、放养密度

较为合理的放养密度为 50 ~ 80 只/平方米。

四、饲养管理

（一）饲料种类

稚龟的饲料有鱼、虾、猪肝、牛肝、蚯蚓等，可逐渐掺入少量的南瓜、红薯等植物性饲料，直至动物性饲料与植物性饲料的比例为 2:1。

（二）投喂量

日投喂量一般为稚龟体重的 3% ~ 5%。

（三）投喂方法

分早、晚两次投喂，做到定时、定量、定质、定点。

（四）水质管理

龟池水质须符合 GB 11607《渔业水质标准》的规定。用换水和加水方法调节水质，使水色呈淡绿色，透明度 20 ~ 30 cm。

（五）日常管理

每天早晚巡池两次，观察水质变化情况和亲龟摄食、活动情况；及时清除残余饲料和污物，清扫饲料台；检查进、排水及防逃设施，完成巡池日志。

（六）越冬管理

在室内龟池中越冬，保持水温在 27℃ ~ 30℃之间。

第四节　幼龟饲养

一、养殖环境条件

养殖环境应安静，尽量采用仿生态养殖。

二、放养密度

以 20 ~ 30 只/平方米为宜。

三、饲养管理

可参考稚龟的饲养管理。日投喂量一般为幼龟体重的 4% ~ 5%。

第五节　亚成龟和成龟饲养

一、养殖环境条件

参考亲龟的养殖环境条件。

二、放养密度

水泥池单养，放养密度为 5 ~ 10 只/平方米。如龟鱼混养，龟的放养密度为 3 ~ 5 只/平方米。

三、饲养管理

（一）水泥池单养管理

每天喂食 1 次，喂食时间为 17：00 左右。鲜活料为龟体重的 4% ~ 5%；配合饲料为龟体重的 2% ~ 3%。饲喂做到定时、定点、定质、定量。

每天观察龟的活动、取食情况，注意天气、温度、水质的变化。要适时加注新水或换水。发现病龟应及时捡出，及时诊断，及时治疗。

（二）池塘龟鱼混养管理

龟、鱼饲料分开投喂；勤巡塘，多查看，掌握龟、鱼的生长情况。

第六节　健康养殖

一、目前养殖中存在的问题

黑颈乌龟喜生长于山坑、丛林、水塘中，在广东省的南雄市、始兴县、仁化县、乳源县和翁源县均有分布。目前黑颈乌龟主要为庭户式养殖，养殖密度较高，在养殖中逐渐暴露出以下问题：

（一）雌雄比例失衡

人工孵化出的子代苗，雄性达 90% 以上，雌性不足 10%，严重影响养殖规模的扩大。

（二）近亲交配，影响繁育子代的质量

由于人工培育的亲龟容易出现近亲交配现象，致使孵化出的子代苗种个体不均匀，并出现畸形。

（三）优良亲本数量少

优良亲本数量少，优质种苗年产量低，无法满足养殖需求，种苗价格居高不下，难以推广。

（四）病害增多

由于养殖密度不断增加，饲料投喂不规范，残饵增多，加上龟类的排泄物，水质很容易变坏，致病菌大量繁殖，结果导致龟病不断增多，严重地威胁着龟类的人工养殖。因此，黑颈乌龟的养殖必须走健康养殖之路。

二、健康养殖的含义

健康养殖是一项系统性工程。该工程指应用生物学的基本原理，对黑颈乌龟的养殖进行全面控制，提供最适宜的养殖环境，实行健康的管理模式，科学地进行投喂，采用优质饲料和优质种苗，科学调控水质，病害以防为主，科学用药，使黑颈乌龟能正常生长，产品符合人类的需求。健康养殖具有如下特性：

（一）时间性
时间性指随着养殖的开始而存在，养殖的结束而消失。

（二）空间性
空间性指养殖的范围及其所处的大环境。

（三）指向性
指向性指养殖系统的生态安全性、养殖龟类的健康生长和人们对养殖龟类的健康需求。

（四）可操作性
可操作性指各种形式的技术投入，包括优良种苗、养殖水体、

养殖设施、优质饲料、病害防治技术等方面的投入。

三、健康养殖技术

健康养殖技术涉及范围很广，概括起来有如下几项：

（一）采用生态养殖或仿生态养殖模式

近年来，龟类动物养殖模式呈现出多元化趋势，如温室养殖、外塘仿生态养殖、室内仿生态养殖、庭院养殖和龟鳖鱼混养等。不同的龟有不同的养殖模式，不同的养殖模式具有不同的特点，如庭院养殖可利用屋前屋后、天井阳台等空地改造成龟养殖池，适宜小规模养殖。如要大规模养殖，可采用外塘仿生态养殖。外塘仿生态养殖是采用模拟龟野外生活环境，投喂天然饵料，使龟自然冬眠的饲养方法。黑颈乌龟适合外塘仿生态养殖。

（二）采用科学投喂技术

要投喂优质的饲料。饲料有鲜活饲料和人工合成饲料，以鲜活饲料为主。黑颈乌龟专用的人工合成饲料尚未研制成功，目前投喂的是其他龟类的人工合成饲料。投喂时要做好"四定"，不投喂变质的饲料。

（三）进行科学管理

科学管理的内容包括饲养管理、日常管理和越冬管理等。

1. 饲养管理

饲养管理包括水质管理和饲料投喂管理等。水质的好坏与病害的发生有关，稚龟和幼龟的饲养要勤换水，成龟和亲龟的饲养也要在水质恶化时进行换水，或利用水质改良剂来进行处理。

2. 日常管理

要经常巡池（塘），及时处理发现的问题，做好日常记录。

3. 越冬管理

采取必要的抗寒措施和预防天敌侵害的措施，确保龟能安全越冬。

（四）采用综合防病技术

可采用水质调控、提高龟的抗病力、环境消毒、隔离病龟、减少应激反应等方面的措施来进行综合防病。

（五）开展抗病、抗逆性强的新品种培育

龟苗的好坏直接关系到成龟和亲龟的质量。要尽量避免近亲繁殖，开展杂交育种，选择抗病、抗逆性强，无畸形的龟苗来饲养。

第三章　杂交育种

第一节　动物育种方法

一、选择育种

选择育种是利用固有品种内存在的变异进行选种、选配，培育新品种的方法。其原理是利用生物的变异，通过长期汰劣留良，培养出优良品种。其不足之处是育种周期长，选择的范围有限。

二、杂交育种

杂交（Cross）是指不同基因型配子结合或相互交配产生杂种的过程。

杂交育种（Sexual Cross Breeding）是通过不同基因型品种有性杂交产生基因重组，选择和培育聚合双亲优良性状，符合育种目标的新品种，包括品种间杂交和远缘杂交。

杂交育种是重要的育种手段之一，也是与其他育种途径相配套的重要程序。杂交育种可同时改良多个目标性状，因此，在动物育种方面具有非常重要的作用。其不足之处是杂交育种只能利用已有基因的重组，按需选择，并不能产生新的基因。杂种后代会出现性状分离现象，育种进程缓慢，过程复杂。

三、诱变育种

诱变育种是通过物理因素或化学因素对生殖细胞和受精卵进行处理产生新的突变，通过育种措施定向选择培育新品种的方法。其优点是能提高突变率，产生新基因，在较短时间内获得更多的优良变异类型。

四、分子育种

分子育种就是将基因工程应用于育种工作中，通过基因导入，从而培育出符合一定要求的新品种的育种方法。利用基因工程技术进行作物品种改良，可以突破种源之限制及种间杂交之瓶颈，创造新性状或新品种。

第二节　杂交育种的遗传学原理与优劣

一、杂交育种的遗传学原理

（一）基因重组
杂交育种使分散在不同亲本中控制不同有利性状的基因组合在一起，形成具有不同亲本优点的后代。

（二）基因累加
通过基因效应的累加，从后代中选出受微效多基因控制的某些数量性状超过亲本的个体。

（三）基因互作
通过非等位基因之间的互作产生不同于双亲的新的优良性状。

二、杂种优势

杂种优势指基因型不同的亲本相互杂交产生的杂种一代，在生长势、生活力、繁殖力、抗逆性、产量和品质等一种或多种性状上优于两个亲本的现象。杂种优势在 F1 代表现最明显。例如：马和驴杂交获得体力强大、耐力好的杂种——骡。

（一）亲本选配原则

在进行杂交育种时，杂种优势的获得与亲本的选择是紧密相关的。亲本选配的原则为：

1. 性状互补原则

双亲都具有较多的优点，没有突出的缺点，在主要性状上的优缺点尽可能互补。

2. 适应性原则

亲本之一最好是选用能适应当地条件、综合性状较好的推广品种。

3. 遗传差异原则

注意亲本间的遗传差异，选用生态类型差异较大、亲缘关系较远的亲本材料相互杂交。

4. 配合力原则

杂交亲本应具有较好的配合力，以提高基因的累加效应。

5. 纯合性原则

杂种优势的大小与双亲基因型的纯合度密切相关。双亲基因型纯合度越高，其杂交产生的子一代群体基因型的异质性越整齐一致，不易出现性状的分离。

（二）杂种优势的遗传学机理

杂种优势是一种复杂的生物学现象，有关杂种优势的遗传机理，存在着很多假说。

1. 显性假说

显性假说认为杂种优势的数量性状由多个基因控制，在这些基因中，显性基因大多控制着杂交亲本的有利性状，隐性基因大多控制着不利性状。野生型基因一般是显性的，显性基因多编码具有生物学活性的蛋白质，突变基因一般是隐性的，隐性基因多编码失去或减少活性的蛋白质。通过杂交，双亲的显性基因全部集中在杂种里，使杂种中显性基因的有利性状能够抑制或掩盖隐性基因的不利性状，结果增加了杂交代的生长优势，从而表现出杂种优势。

2. 超显性假说

超显性假说认为杂种优势是由于双亲异质基因型结合而引起等位基因间的互作，刺激了杂交代的生长，故杂交代表现出较大的优势。

3. 上位性互作假说

上位性互作假说认为杂种优势是由于非等位基因间的相互作用产生的。这种相互作用既可能表现为显性上位的相互作用，亦可表现为隐性上位的相互作用。

此外，亦有假说认为杂种优势与DNA甲基化、基因互补、基因网络系统及生物钟等有关。

综上所述，杂种优势遗传学原理复杂，涉及的生理生化过程众多，影响杂种优势形成的因素是多方面的，它是环境与基因相互作用以及多种机理综合作用的结果。

三、杂种不活、杂种不育及杂种破落

杂交育种时，除了可出现杂种优势外，亦可出现如下情况：

（一）杂种不活

杂种合子不能发育或不能发育到性成熟而死亡。

（二）杂种不育

杂种合子能发育，个体能达到成熟，并且是强壮的，但却是不育的。如雌马和雄驴产生粗壮的后代马骡，雌驴和雄马产生后代驴骡。而马骡和驴骡是不育的，均不能与马或驴杂交。

（三）杂种破落

第一代杂种是能存活的而且是可育的，但这些杂种彼此间交配或同任一亲本交配，其子代却是衰弱的或者是不育的。

第三节　杂交育种的方式和方法

一、杂交育种的方式

杂交育种的方式很多，有根据杂交亲本的不同而进行的单交和复交，也有根据亲缘关系远近进行的种内、种间、属间和亚科间的杂交育种。

（一）单交（Single Crossing）

由两个品种或遗传类型成对杂交，称为单交。单交简单易行，育种时间短，杂种后代群体规模也相对较小。当两个亲本主要优缺点能互补、两个亲本性状的综合基本上能符合育种目标要求时，应尽量采用单交方式。

（二）复交（Multiple Crossing）

复交也称多元杂交。配组涉及三个或三个以上的亲本，要进行两次或两次以上的杂交时，称为复交。复交有如下类型：

1. 三交

先由两个亲本杂交获得一个单交 F1，然后 F1 再与另一个亲本杂交，称为三交。

2. 双交

由四个亲本，先用两两杂交得到两个 F1，再用两个 F1 杂交，称为双交。

3. 四交

由四个亲本进行分步杂交，即为四交。

4. 聚合杂交

聚合杂交是用多个亲本进行的一种复杂的杂交方式，通过多次杂交将多个亲本的优良性状聚合在一个后代群体中。

5. 回交

两个品种杂交后，子一代再和双亲之一重复杂交，称为回交。多用于改进某一推广品种的个别缺点，或转育某个性状（动物杂交育种提纯采用逐代测交）。

6. 循序杂交

循序杂交是多个亲本逐个参与杂交的方式。

复交的应用：①单交的双亲优缺点不能互补，或需要将多个亲本的优良性状聚合于一体时，应采用复交方式。②当某亲本的缺点很明显，一次杂交对其缺点难以完全克服时，也宜采用复交方式。

二、杂交育种的方法

（一）级进杂交

级进杂交也称改造杂交或吸收杂交，是动物杂交繁育方法之一。首先让两个品种杂交，然后将其杂种后代连续几代与其中一个品种进行回交，最后获得的动物群基本上与此品种相近，同时亦吸收了另一品种的个别优点。级进杂交通常有两种方式。

1. 改造杂交

改造杂交又称改良杂交。若某一品种生产低劣，可将该品种母本与另一高产品种的父本杂交，其杂种后代连续 3~4 代与高产品种回交，后代保留低劣品种个别优点，生产性能接近或超过高产的优良品种。

2. 引入杂交

引入杂交又称导入杂交，是在保留原有品种基本品质的前提下，用引入品种来改良原有品种某些缺点的杂交育种方法。若某一品种基本上能满足需要，但个别性状不佳，难以通过纯繁得到改进，则选择此性状特别优良的另一品种与其进行杂交改良。杂种后代连续3~4代与原有品种回交，可纠正原有品种的个别缺点，以提高动物群的生产性能。

（二）育成杂交

当原品种不能满足需要时，则利用两个或两个以上的品种进行杂交，最终育成一个新品种，此为育成杂交。用两个品种杂交育成的新品种称为简单育成杂交；用三个或三个以上品种杂交育成的新品种称为复杂育成杂交。

第四节　龟的杂交育种

龟的杂交育种是指在不同种群、不同基因型个体间进行杂交，并在其杂种后代中通过选择而育成纯合品种的方法。杂交可以使双亲的基因重新组合，形成各种不同的类型，为选择提供丰富的材料。基因重组可以将双亲控制不同性状的优良基因集中于一体，或将双亲中控制同一性状的不同微效基因积累起来，产生性状上超过亲本的类型。早在100多年前，人们就发现了海龟的杂交。近30年来，龟类的自然杂交现象不断被发现，如琼崖闭壳龟是黄额闭壳龟和锯缘闭壳龟杂交的后代，最近又发现了地龟和锯缘闭壳龟在自然环境下杂交的后代。在龟类的人工养殖中，最早出现的杂交龟并不是养殖者有意杂交的，而是在龟类混养中产生的（由于场地不够而混养或龟在逃逸过程中进入另一些龟类的饲养池）。近10多年来，龟的杂交育种逐渐被人们所认识，并努力培育新的杂交龟品种。

一、杂交后代的检测

在龟类的杂交育种中，杂交后代可出现形态与性状的改变，形态与性状是由基因决定的，故可通过遗传标记的检测来了解杂交后代的变异。

遗传标记是指可追踪染色体、染色体某一节段、某个基因座在家系中传递的任何一种遗传特性。它具有两个基本特征，即可遗传性和可识别性。因此生物的任何有差异表型的基因突变型均可作为遗传标记。

目前在动物遗传育种中常用的遗传标记类型有：

（一）形态学标记

形态学标记指动物的外部形态特征，如体色、体型、外形、皮肤结构等。形态学标记是基于个体性状的描述，得到的结论往往不够完善，且数量性状很难剔除环境的影响，但用直观的标记研究遗传性状相对简单、方便。

（二）细胞学标记

细胞学标记指对杂交后代个体的染色体数目和形态进行分析，主要包括：染色体组型和带型及缺失、重复、倒位、易位等。染色体是遗传物质的载体，是基因的携带者，染色体变异必然会导致生物体发生遗传变异。

1. 染色体组型分析

染色体组型是指一个个体或一组相关个体特有的染色体组，通常以有丝分裂中期染色体的数目和形态来表示。染色体组型分析是以细胞分裂中期的染色体为对象，根据染色体的长度、着丝点位置、臂比、随体的有无等形态特征建立的细胞遗传学分析方法。

2. 染色体带型分析

染色体带型分析是借助于酶、酸、碱、温度等理化因素处理后，

用染色法使染色体呈现出深浅不同的染色带的分析方法。对不同亲本与杂种进行染色体带型分析，可以研究亲本与杂种在染色体结构上的差异。

3. 染色体原位杂交技术

染色体原位杂交技术是用标记的 DNA 或 RNA 为探针，原位检测染色体上特定核苷酸序列的一种技术。现多用荧光原位杂交技术（Fluorescence in Situ Hybridization，FISH）。FISH 的基本原理是：将荧光标记的已知序列的单链核酸特异地与染色体上互补的 DNA 片段结合，通过荧光显微镜检测样本上杂交荧光的位置，从而将特定的基因在染色体上定位。该检测方法因特异性强、灵敏度高和重复性好等特点，已被应用于远缘杂种的鉴定。染色体原位杂交是检测种间杂种染色体易位、重组的有效手段。

（三）生物化学标记

生物化学标记是以动物体内的某些生化性状为遗传标记，如血型、血清蛋白和同工酶等。生物化学标记经济、方便，且多态性比形态学标记和细胞学标记丰富。但蛋白质和同工酶都是基因的表达产物，非遗传物质本身，其表现易受环境和发育状况的影响。

（四）分子标记

分子标记是以个体间遗传物质内核苷酸序列变异为基础的遗传标记，是 DNA 水平遗传多态性的直接反映。与其他几种遗传标记相比，DNA 分子标记具有更大的优越性。DNA 分子标记技术已有数十种，在遗传育种中应用较广泛的分子标记有：

1. 限制性片段长度多态性（Restriction Fragment Length Polymorphism，RFLP）技术

RFLP 技术是以 DNA-DNA 杂交为基础的第一代 DNA 标记技术。其原理是利用特定的限制性内切酶识别并酶切基因组 DNA，得到长度不等的 DNA 片段，所产生的 DNA 数目和各个片段的长度反映了 DNA 分子上不同酶切位点的分布情况。将获得的 DNA 片段经凝胶

电泳分离、克隆 DNA 探针杂交和放射自显影，即获得反映个体特异性的 RFLP 图谱。其代表的是基因组 DNA 在限制性内切酶消化后产生片段在长度上的差异。由于不同个体的等位基因之间碱基的缺失、替换、重排等变化导致限制性内切酶识别和酶切位点发生变化，所以造成基因型间限制性片段长度的多态性。

2. 随机扩增多态性 DNA（Random Amplified Polymorphic DNA，RAPD）技术

RAPD 技术是利用随机引物对不同样品基因组 DNA 进行 PCR 扩增而产生产物片段多态性的检测技术。RAPD 技术具有快速、简便和灵敏等优点，已被应用于种质资源分析。

3. 扩增片段长度多态性（Amplified Fragment Length Polymorphism，AFLP）技术

AFLP 技术是 RFLP 与 PCR 技术相结合产生的分子标记技术。其原理是使用限制性内切酶对基因组 DNA 消化后，将得到的限制性酶切片段的黏性末端接上特定的接头。接头和邻近限制性酶切位点序列作为引物结合位点，设计特定引物进行扩增，采用电泳分离的方法检测其产物，以期反映不同个体基因组的限制性酶切长度多态性。AFLP 具有高重复性、高分辨率、高灵敏度、对 DNA 模板需求量少等特点，可以在不了解任何基因组序列信息的情况下实行。

AFLP 在群体的遗传多样性分析、基因定位、品种鉴定、系统进化、遗传图谱构建以及目的基因的克隆等领域有着广阔的应用前景，已成为目前常用的分子标记之一。

4. 微卫星 DNA（Microsatellite DNA）技术

微卫星 DNA 也称简单串联重复序列（Simple Sequence Repeat，SSR）或短串联重复序列（Short Tandem Repeats，STRs），是一类由 2~6 个核苷酸为重复单位组成的具有几十个核苷酸的重复序列，广泛分布于真核生物的基因组。在不同个体中因重复次数的不同而呈现长度差异，可通过两端的保护序列设计引物进行 PCR 扩增。微卫星 DNA 标记多样性水平高，数量丰富，在基因组中分布广泛，是共显性标记，其引物具有较高的保守性，实验重复性好。

SSR 的产生是由于 DNA 复制或修复过程中 DNA 滑动和错配，或减数分裂时姐妹染色单体的不等交换造成串联重复序列，因其广泛存在于真核细胞的基因组中，且重复次数是可变的，因此具有高度的多态性，被认为是遗传信息含量最高的遗传标记。

5. 简单重复序列区间扩增多态性（Inter-simple Sequence Repeat，ISSR）技术

该技术是在 SSR 序列两端接上 2~4 个随机核苷酸作为引物，对 2 个相距较近的 SSR 序列之间的一段短 DNA 片段进行扩增。ISSR 具有丰富的多态性，操作简单，重复性好，近年来得到广泛的应用。

6. 单核苷酸多态性（Single Nucleotide Polymorphism，SNP）技术

SNP 指在基因组水平上由单个核苷酸的变异所引起的 DNA 序列多态性。SNP 所表现的多态性只涉及单个碱基的变异，这种变异可由单个碱基的转换或颠换所引起，一般不包括单核苷酸的插入和缺失。SNP 标记具有分布广泛、数量多、易于基因分型、遗传稳定性高及快速自动化分析等优点，被称为继 RFLP 和微卫星 DNA 标记之后的第三代 DNA 遗传标记，已被应用于基因定位、群体遗传结构和分子标记辅助育种等方面的研究。

二、黑颈乌龟的杂交龟

目前，通过人工杂交，已得到子一代杂交龟的有：黑颈乌龟与乌龟的杂交龟、黑颈乌龟与大头乌龟的杂交龟、黑颈乌龟与黄喉拟水龟的杂交龟、黑颈乌龟与中华花龟的杂交龟和黑颈乌龟与三线闭壳龟的杂交龟。

我们的看法是：为避免近亲繁殖而导致的种质资源减少，杂交育种很有必要，但要在种内进行，在不同家系中进行，从而保持其纯种性。黑颈龟养殖专业合作社生产的均为纯种龟。为了便于区别，现将杂交龟介绍如下：

（一）黑颈乌龟与乌龟的杂交龟

雄性乌龟与雌性黑颈乌龟杂交的后代，其背甲和腹甲颜色与黑颈乌龟相似，颈部斑纹与乌龟相似（图 3-1、图 3-2、图 3-3）。

图 3-1 乌黑颈杂龟背部

图 3-2 乌黑颈杂龟腹部

图 3-3 乌黑颈杂龟颈部（仿周婷）

当用雄性黑颈乌龟与雌性乌龟杂交后，其雌性后代再与雄性黑颈乌龟杂交，此时的杂交龟与黑颈乌龟很相似，应注意区分（图3-4、图3-5）。

图 3-4　黑乌杂龟与黑颈乌龟杂交后代的背部

图 3-5　黑乌杂龟与黑颈乌龟杂交后代的腹部

（二）黑颈乌龟与大头乌龟的杂交龟

雄性黑颈乌龟与雌性大头乌龟的杂交龟，其背部与腹部的形态结构兼具两种亲龟的特色，颈部花纹似大头乌龟（图3-6、图3-7、图3-8）。

图3-6 黑颈大头杂龟背部

图3-7 黑颈大头杂龟腹部

图3-8 黑颈大头杂龟颈部

（三）黑颈乌龟与黄喉拟水龟的杂交龟

该杂交龟的背甲、腹甲和四肢的颜色和斑纹具有黄喉拟水龟的特征（图 3-9、图 3-10），背甲有少量黑色放射状斑纹。

图 3-9　黑喉杂龟背部（仿 Michael Tan）

图 3-10　黑喉杂龟腹部（仿 Michael Tan）

（四）黑颈乌龟与中华花龟的杂交龟

该杂交龟的背甲、腹甲、头侧条纹与中华花龟相似（图 3-11、图 3-12、图 3-13）；背甲、头部和四肢颜色类似于黑颈乌龟。

图 3-11　花黑颈杂龟背部（仿周婷）

图 3-12　花黑颈杂龟腹部（仿周婷）

图 3-13　花黑颈杂龟颈部、
（仿周婷）

（五）黑颈乌龟与三线闭壳龟的杂交龟

雄性黑颈乌龟与雌性三线闭壳龟（金钱龟）杂交产生的后代，其头顶部颜色似三线闭壳龟，呈黄绿色，光滑。背部具三条棱，中间的棱较明显，上有间断的黑纹；两侧的棱较不明显，无黑纹。背部整体颜色似黑颈乌龟（图3-14）。腹部边缘可见分散的红斑，腹甲底部呈淡粉红色，上有呈放射状的大黑斑，在腹盾和股盾处最明显，几乎覆盖整个盾片。黑斑已覆盖整个肛盾（图3-15）。

图3-14 黑金杂龟背部

图3-15 黑金杂龟腹部

第四章　组织学与免疫学

第一节　组织学

组织学的研究是疾病防治的基础。黑颈乌龟的组织学研究结果如下：

一、心、肝、脾、肺、肾的组织学

(一) 心脏

黑颈乌龟的心脏分两心房和两心室，左右心室由一不完全隔膜分开。心肌纤维束状排列（图 4-1），看不到横纹，可见闰盘结构。心肌细胞核较大，椭圆形，嗜碱性，胞质嗜酸性。可见血细胞（图4-2）。

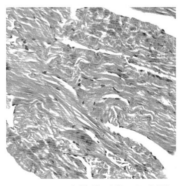
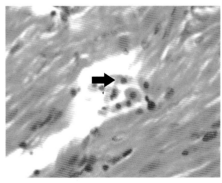

图 4-1　示束状排列的心肌纤维　　图 4-2　示血细胞（→）

（二）肝脏

黑颈乌龟的肝脏位
于胸腹腔前端、心脏两
侧，呈暗红色，体积很
大，覆盖胃和十二指肠，
分3叶，左右两叶较大，
中央有一小叶。肝脏表
面被覆一层浆膜，浆膜
由较致密的结缔组织外
覆以间皮构成。肝实质
由许多肝小叶和极少量
的间质构成。

肝内结缔组织很少，
故相邻肝小叶分界不清
（图4-3）。肝小叶排列不
规则，其中央为一条中
央静脉（图4-4）。肝细
胞排成索状，以中央静
脉为中心，向四周辐射
延伸。肝细胞呈多角形，
体积较大，内含较大的
空泡，核常被挤在一边。
肝细胞大多数为单核，
偶见双核。

肝细胞索之间的腔
隙为肝血窦，窦隙中常
分布大小不等的星形细
胞，称为色素细胞，含棕
红色颗粒，HE染色后呈
黑色（图4-4、图4-5）。

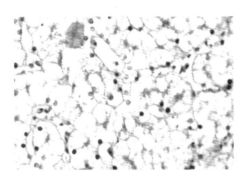

图4-3　示肝小叶分界不清

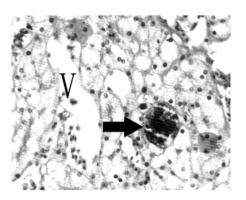

图4-4　示色素细胞（→）中央静脉（V）

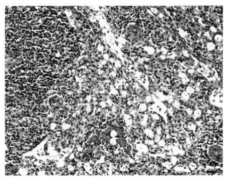

图4-5　示多个色素细胞

（三）脾脏

黑颈乌龟的脾脏呈棕褐色，豆状，分被膜和实质两部分。被膜较薄，由致密结缔组织组成，表面覆盖单层扁平上皮。实质可分为白髓和红髓两部分（图4–6）。白髓包括椭球周围淋巴鞘（PELS）和动脉周围淋巴鞘（PALS）（图4–7），两者周围均有数层扁平网状细胞环绕。红髓由脾索和脾窦组成。由相互连接成网的索状淋巴组织构成脾索，脾索与脾窦相间分布。脾窦不发达，为相互连通的不规则的血窦，内有血细胞（图4–8）。未发现淋巴小结和生发中心。

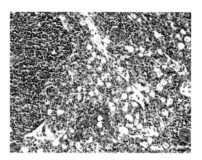

图4-6　示白髓和红髓

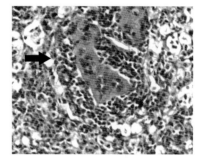

图4-7　示PALS（→）

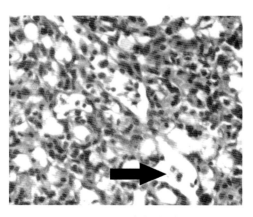

图4-8　示脾窦（→）

（四）肺

黑颈乌龟的一对肺，为长形扁平囊状，紧贴在背甲的腹面。肺的支气管由内向外可分三层，即黏膜、黏膜下层和外膜，黏膜上皮为假复层柱状纤毛上皮。细支气管（图4-9）的黏膜为单层柱状纤毛上皮，其盲端为肺泡，肺泡为囊状（图4-10）。

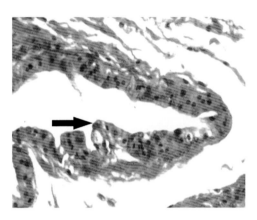

图4-9　示细支气管（→）

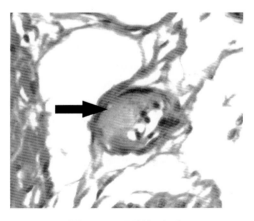

图4-10　示肺泡（→）

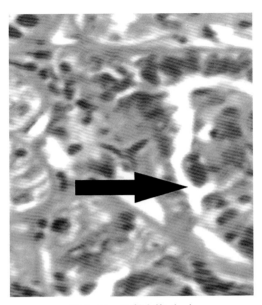

图 4-11 示肾小体（→）

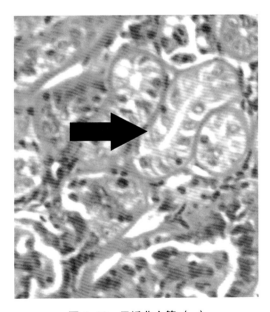

图 4-12 示近曲小管（→）

（五）肾脏

黑颈乌龟的肾脏由肾小体、颈段、近曲小管、中间段、远曲小管、收集管等部分构成。肾小体少而小，呈卵圆形，分布于髓质中（图 4-11）。每一肾小体由肾小球和肾小囊两部分组成。肾小球由盘曲的毛细血管构成，肾小囊是肾小管的起始端，其壁可分为内、外两层，内层与肾小球的毛细血管紧贴，外层由单层扁平上皮细胞构成。颈段是肾小囊和近曲小管之间的结构，由单层纤毛立方上皮细胞构成。中间段位于近曲小管和远曲小管之间，由单层纤毛立方上皮构成，结构特征类似于颈段。近曲小管由单层柱状上皮细胞构成（图 4-12）。远曲小管和收集管亦由单层柱状上皮细胞构成。

二、消化道组织学

黑颈乌龟整个消化道由五部分组成，即口咽腔、食道、胃、小肠和大肠。

(一) 食道

食道是由口入胃的通道。食道黏膜层和黏膜下层向管腔突出，形成十余条高低不平的纵行皱襞（图4-13）。有的皱襞上形成次级皱襞（图4-14），表面覆盖有短而稀疏的绒毛。食道管壁从内向外由黏膜层、黏膜下层、肌肉层和外膜四层组成。黏膜上皮为复层柱状，由3~5层细胞组成（图4-15）。

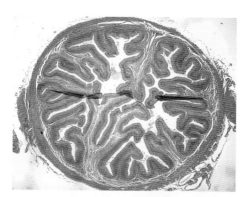

图4-13 示纵行皱襞

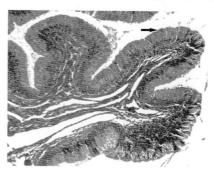

图4-14 示次级皱襞（→）

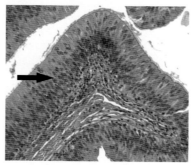

图4-15 示复层上皮（→）

最上层细胞呈高柱状，核位于细胞基部。固有膜中可见弥散淋巴组织（图4-16）。黏膜下层可见血管分布（图4-17）。肌层为内环外纵，属于平滑肌。外膜由结缔组织构成。未见食管腺。在黏膜中可见杯状细胞（图4-18）。

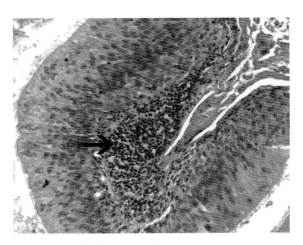

图4-16　示淋巴组织（→）

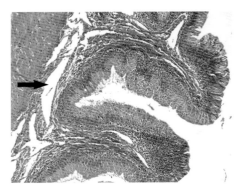

图4-17　示血管（→）

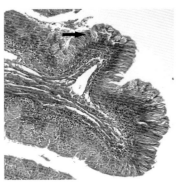

图4-18　示杯状细胞（→）

（二）胃

胃位于食道与小肠之间，是消化管的膨大部分，略呈 U 形，与小肠相通。其腔面有纵行皱襞（图 4-19），皱襞由黏膜和黏膜下层突向管腔而成（图 4-20）。胃壁也由黏膜、黏膜下层、肌层和外膜四层组成。黏膜表面凹陷，形成许多胃小凹（图 4-21）。

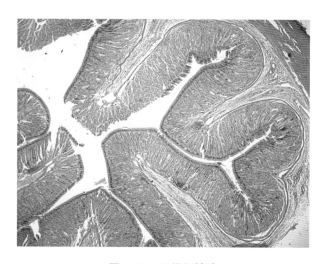

图 4-19　示纵行皱襞

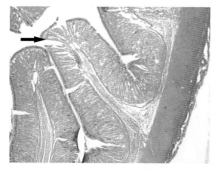

图 4-20　示黏膜突向管腔（→）

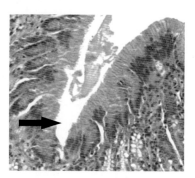

图 4-21　示胃小凹（→）

黏膜上皮为单层高柱状，核位于细胞基部（图4-22）。细胞排列整齐，上部胞质充满黏液分泌物。固有膜厚，为胃腺所填充，胃腺属直行单管状腺（图4-23）。胃腺上部连于胃小凹底部，每个胃小凹可通连数个胃腺，光镜下胃腺无主细胞和壁细胞之分。黏膜肌层完整，由平滑肌构成。黏膜下层属疏松结缔组织，其中可见血管及淋巴组织分布。肌层发达（图4-24），为平滑肌，以内环肌为主。外膜为浆膜。

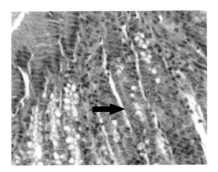

图4-22 示单层柱状细胞（→）

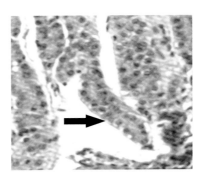

图4-23 示胃腺（→）

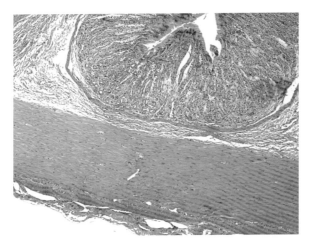

图4-24 示肌层

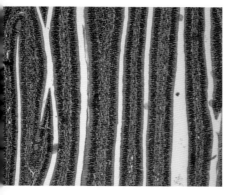

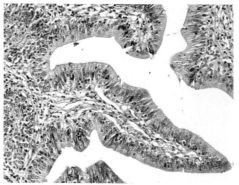

图 4-25　示纵行皱襞

图 4-26　示绒毛之一

（三）小肠

小肠是消化道中最长的部分，管壁皆由黏膜层、黏膜下层、肌层和外膜组成。小肠分十二指肠、空肠和回肠，但各部分界不明显。

在十二指肠的肠腔可见纵行皱襞（图 4-25）。皱襞的表面分布有叶状、柱形和不规则形的绒毛。绒毛是由黏膜的上皮和固有膜向肠腔突出形成的（图 4-26、图 4-27、图 4-28）。

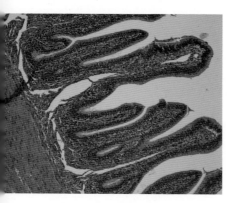

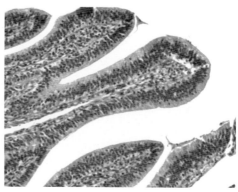

图 4-27　示肠绒毛之二

图 4-28　示肠绒毛之三

上皮为单层柱状上皮（图 4-29），上皮细胞多为吸收细胞，吸收细胞之间夹杂着少量的杯状细胞（图 4-30）。吸收细胞呈高柱状，细胞核位于细胞基部，细胞游离面具微绒毛。黏膜下层很薄，未见十二指肠腺。空肠和回肠管径比十二指肠大，形态和结构与十二指肠相似，不容易与其区分。绒毛表面由许多微绒毛形成纹状缘（图 4-31）。

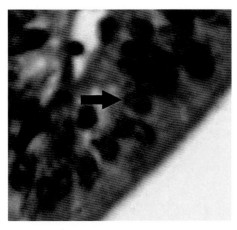

图 4-29 示单层柱状上皮（→）

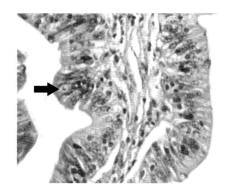

图 4-30 示杯状细胞（→）

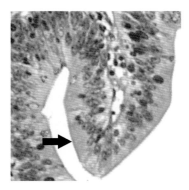

图 4-31 示纹状缘（→）

　　黏膜上皮向固有膜凹陷形成管状的小肠腺，为单管状腺（图4-32、图4-33）。固有膜中有丰富的毛细血管网（图4-34），并可见分散的淋巴组织（图4-35）。

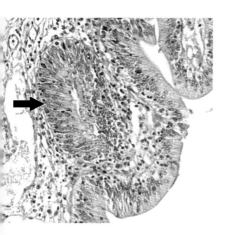

图4-32　示单管状腺（→）

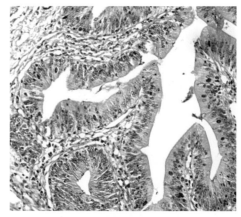

图4-33　示肠绒毛和管状腺

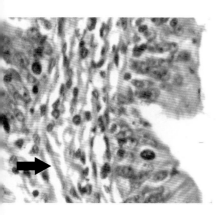

图4-34　示毛细血管网（→）

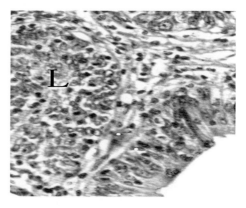

图4-35　示淋巴组织（L）

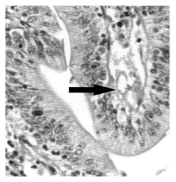

图 4-36 示绒毛毛细血管（→）

图 4-37 示肌层之一

在绒毛中可见毛细血管直通顶端（图 4-36），但未见典型的中央乳糜管结构。肌层内环外纵（图 4-37），内环肌较为发达，靠近大肠处，肌层较厚（图 4-38）。外膜为浆膜。

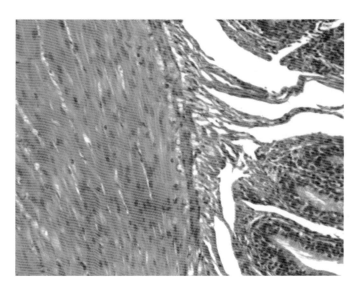

图 4-38 示肌层之二

（四）大肠

大肠为消化道的最后部分，其黏膜皱襞明显减少，且皱襞很浅
（图 4-39、图 4-40）。黏膜表面覆以复层柱状上皮（图 4-41）。

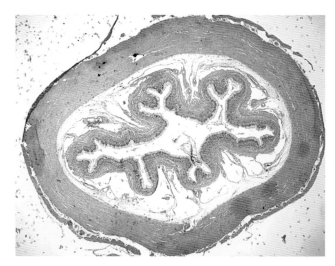

图 4-39　示大肠横切面

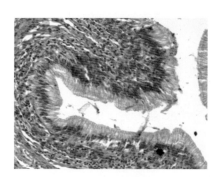

图 4-40　示黏膜皱襞

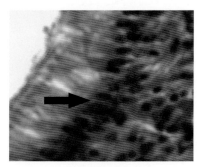

图 4-41　示复层柱状上皮（→）

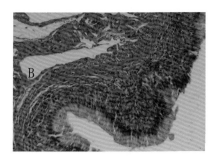

图 4-42　示血管（B）

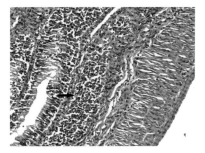

图 4-43　示淋巴组织（→）

上皮细胞之间间隙明显，细胞排列松散。可见杯状细胞，固有膜含有丰富的淋巴组织。黏膜下层由疏松结缔组织组成，含有丰富的血管（图 4-42）。黏膜下可见淋巴组织（图 4-43）。肌层内环外纵，环行肌比纵行肌发达（图 4-44）。

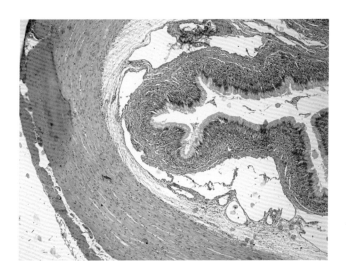

图 4-44 示肌层

第二节　免疫学

一、龟类免疫系统

随着黑颈乌龟养殖业的迅速发展，其病害也越来越严重。为了使其养殖业能健康发展，疾病的控制是关键。要有效地防治龟的疾病，全面了解其免疫机制是非常必要的。龟类免疫系统由免疫器官、免疫细胞和免疫分子组成。

（一）免疫器官

根据免疫功能不同，免疫器官又可分为中枢免疫器官和外周免疫器官。

1. 中枢免疫器官

龟在分类学上属于爬行动物，爬行动物在脊椎动物的进化中起承前启后的作用，其免疫系统的进化也处在承前启后的地位。哺乳动物的中枢免疫器官是胸腺和骨髓，鸟类的中枢免疫器官是胸腺和法氏囊。在爬行动物中，研究较多的是胸腺。爬行动物的胸腺起源于咽囊，龟鳖目的胸腺主要起源于第三对咽囊。爬行动物个体发育过程中最早出现的免疫器官是胸腺。

胸腺外被一层结缔组织被膜，后者伸入胸腺实质形成小梁。血管和神经通过小梁进入胸腺实质。发育良好的胸腺均由皮质和骨髓构成。淋巴细胞和上皮细胞是胸腺实质的主要细胞成分。胸腺实质除胸腺细胞和上皮细胞外，还含有肌样细胞、巨噬细胞和指状镶嵌细胞等。在陆龟中还观察到胸腺实质中有许多神经纤维。

胸腺内的细胞成分复杂，指状镶嵌细胞、哺育细胞、巨噬细胞和各种胸腺上皮细胞在胸腺的一定区域与发育分化中的胸腺细胞亚群构成胸腺微环境，在胸腺细胞的发育分化中起着重要的调控作用。T淋巴细胞在胸腺内发育和分化。

2.外周免疫器官

龟类的外周免疫器官包括脾脏、淋巴结样器官以及分布于消化系统、呼吸系统、内分泌器官和尿生殖器官中的弥散性淋巴集结或淋巴组织。

（二）免疫细胞

免疫细胞包括淋巴细胞、吞噬细胞和自然杀伤细胞等。淋巴细胞主要为 T 淋巴细胞和 B 淋巴细胞。吞噬细胞包括单核细胞、巨噬细胞和粒细胞。

（三）免疫分子

凡参与免疫应答的体液因子均可称为免疫分子，主要由免疫细胞产生，包括免疫球蛋白、补体系统和细胞因子三大类。

二、非特异性免疫

非特异性免疫又称天然免疫或固有免疫。非特异性免疫系统包括：组织屏障（表皮和黏膜系统）、固有免疫细胞（吞噬细胞、杀伤细胞、树突状细胞等）和固有免疫分子（补体、细胞因子、酶类物质等）。其特点是：①作用范围广。对入侵抗原的清除没有特异的选择性。②反应速度快。抗原等异物一旦接触机体，立即遭到机体的排斥和清除。③可遗传。生物的非特异性免疫能力一出生即已获得，并可遗传给后代。④相对稳定。既不受入侵抗原物质的影响，又不因入侵抗原物质的强弱或次数的多少而有所增减。

三、特异性免疫

特异性免疫又称获得性免疫或适应性免疫，是机体受微生物等抗原物质刺激后形成的免疫，是针对特定病原体发生的特异性免疫，具有如下特点：①特异性。只针对特定的抗原物质。②具有免疫记忆。免疫系统可保留初次抗原刺激的信息，当再次遇到该抗原时，可在短期内产生免疫反应。③多种细胞参与。引起免疫反应的主要细胞是 T 细胞和 B 细胞，但在实现特异性免疫的过程中，还需要其他细胞（如巨噬细胞、粒细胞等）的参与。④具有一定的免疫期。免疫期的长短视抗原的性质、免疫次数、刺激强度及机体的反应性不同而异。特异性免疫又可分为：

（一）细胞免疫

T 细胞受到抗原刺激后转化为致敏淋巴细胞，致敏淋巴细胞再次与抗原相遇时，释放出多种淋巴因子，引起特异性免疫应答。这种由 T 细胞介导的免疫应答称为细胞免疫。细胞免疫主要针对细胞性抗原，如寄生性原生动物，真菌，病毒感染的自身细胞，外来细胞团块（移植的器官、组织）等。

（二）体液免疫

B 细胞在抗原刺激下转化为浆细胞，浆细胞内可合成免疫球蛋白，能与靶抗原结合的免疫球蛋白即为抗体。当浆细胞与抗原相遇时可释放抗体，抗原抗体结合发生免疫反应。这种由 B 细胞介导的免疫应答称为体液免疫。

四、增强龟类抗病力的主要措施

龟的免疫功能增强就能有效地增强龟体的抗病力。增强龟类免疫防御功能的有效措施有：

（一）减少龟类的应激反应

引起龟类应激反应的因素较多，如投喂与用药的技术和方法不当及水质污染等人为因素，暴雨、雷鸣和高温等自然因素，高密度养殖等管理因素，严重的外伤等病害因素和持续的高分贝噪声等环境因素等。应激反应使龟的生产性能下降、摄食减少，对生长速度、饲料转化率、受精率、孵化率、成活率等产生极为不利的影响。应激反应会降低龟的免疫力，使龟易患病。如产生应激的因素较缓和，龟可通过调节机体的生理机能和代谢过程而逐步适应；但如应激反应过于强烈或时间过长，龟会出现能量消耗过大，机体抵抗力下降的现象，容易感染病原体而患病。减少应激反应的措施有：

（1）选择环境安静的地点建池。养殖时尽量保持环境安静。

（2）避免与排除引发龟外伤的因素。

（3）操作要温和。平时的养殖活动尽量少干扰龟类的活动，在进行消毒、换水、喂食和运输等过程中，操作要小心谨慎。

（4）科学管理。放养密度要合理，建立日常管理制度和科学投喂制度，搞好越冬管理。

（二）龟类的营养要平衡

营养失衡会降低龟的抵抗力。肥胖与消瘦均为营养失衡。

（三）保持良好的水质

注意水质的微生态环境，防止水质污染，当养殖用水恶化时要及时换水或利用水质改良剂进行调理。

（四）应用免疫增强剂

免疫增强剂主要指能促进机体非特异性免疫和增强特异性免疫的一类物质。应用较多的是多糖类。

（五）免疫接种

免疫接种是用人工方法将免疫原或免疫效应物质输入到机体内，使机体通过人工自动免疫或人工被动免疫的方法获得防治某种传染病的能力。对于黑颈乌龟，免疫接种有待开展。

（六）加强优良品种的选育

通过遗传育种，选择优良品种，提高龟的抗病力和抗逆力。

第五章　病害防治

近年来，龟养殖业蓬勃发展，不断壮大。黑颈乌龟的养殖更是如日中天，欣欣向荣。但随着养殖密度的不断增加及养殖环境的恶化，龟病频繁出现，这严重地妨碍了龟养殖业的发展。因此，龟病的防治已迫在眉睫。

生活在自然界中的龟类，由于其在漫长的进化岁月中适应了自然界中的生态环境，机体与环境之间取得了协调，环境压迫因子对其影响较小，而且它们在自然界中的分布合理，互相之间传病的概率较小，故患病率很低。

人工养殖是加速龟类繁殖、增加龟类种群数量、避免龟类灭绝和满足人们消费需求的有效手段。但人工养殖的环境与自然生态环境之间存在一定的差别，对养殖的龟类会产生各种不利的影响，特别是人们不断增加养殖密度和市场流通量，为病原体的传播创造了有利的条件，结果导致养殖龟类疾病频发。

第一节　致病因素及致病机理

一、致病因素

龟类的致病因素很多，包括环境因素、营养因素、管理因素和生物性因素等。

（一）环境因素

龟类根据其生活的环境可分为水栖龟类、半水栖龟类和陆栖龟类。目前养殖的龟类主要为水栖龟类，故下面主要讨论水栖龟类的疾病防治。

水栖龟类生长的直接环境为水体，气候的影响则通过对水体的影响而间接发挥作用。龟类的生长受环境的制约，龟类疾病的产生和流行也受环境的影响。养殖环境包括水体理化因子、生物因子及气候。当养殖环境中水质良好、水体理化因子正常、生态环境平衡时，一方面有利于龟类的正常生长，使龟体健康；另一方面，由于在平衡的微生态环境条件下，各种生物之间存在相互影响的作用，所以，有致病作用的微生物就不容易大量繁殖，龟类患病的机会就少。相反，如果水质恶化，许多重金属离子、有毒物质及亚硝酸盐等可直接危害龟类，使龟体变弱。水中因残饵或龟的粪便过多可造成富营养化，有利于致病菌的生长，因而各种龟病会相继发生。

（二）营养因素

龟类为了维持生命活动，自身的生长、繁殖，必须从饲料中摄取所需的营养物质。这些物质为维持龟类的生命活动、生长、繁殖和生产提供了所需的营养素。龟类必需的营养素一般可分为蛋白质、脂类、碳水化合物、维生素、矿物质等几类。

1. 蛋白质

蛋白质是一类重要的营养素。蛋白质的存在总是和各种各样的生命活动联系着，它参与机体的构成和各种功能发挥，同时又是一种产热的营养素。

龟对于蛋白质的需要，实际上就是对氨基酸的需要。食品中的蛋白质通过消化分解为氨基酸，然后它们被吸收且通过血液分布到机体细胞中，机体细胞利用这些氨基酸重新建造机体蛋白质。蛋白质具有如下功能：①构成机体和生命的重要物质基础。蛋白质具有催化、调节生理机能、运输氧气及免疫等作用。②建造新组织和修补更新组织。③供能。

2. 脂类

脂类是存在于生物体内的一类有机物，包括脂肪与类脂。在饲料分析中把乙醚浸出物称为粗脂肪，它含有脂肪及一些溶解于乙醚的非脂物质，如树脂、色素和脂溶性维生素等。

脂类有如下的作用：①氧化供能，维持体温。脂肪是龟类的主要供能物质，龟类冬眠时也靠消耗脂肪来维持基础代谢。②构成机体组织细胞的成分。类脂中的磷脂、胆固醇与蛋白质结合成脂蛋白，构成了细胞的各种膜，如细胞膜、核膜、线粒体膜、内质网等，也是构成脑组织和神经组织的主要成分。③促进脂溶性维生素的吸收。脂溶性维生素只有与脂肪共存时才能被吸收。④供给必需的脂肪酸。必需的脂肪酸参与磷脂合成。磷脂是细胞生物膜的组成成分，是体内合成生物活性物质的先体。

3. 碳水化合物

碳水化合物是高等动物的主要供能营养素，但龟类生活习性不同，对碳水化合物的利用也不同。如陆栖龟类主要摄取植物性食物，因此，碳水化合物是供能的主体，但在水栖龟类中，主要摄取的是动物性食物，因此，供能的主体是脂肪和蛋白质。碳水化合物有如下的作用：①提供能量。糖类以单糖的形式被吸收后，进入龟类体内氧化释放能量，供代谢需要。②储存能量与合成脂肪。糖类过量时，会合成糖原及转化为脂肪，储存在体内。③为非必需氨基酸的合成提供碳架。糖类代谢的中间产物，如丙酮酸、α-酮戊二酸、磷酸甘油可用于合成一些非必需的氨基酸。④节省蛋白质。糖类为廉价的能源，合理利用可减少蛋白质作为能源，从而节约蛋白质。⑤构成龟类机体组织成分。碳水化合物是构成龟类机体的重要物质，并参与细胞的许多生命活动。如糖与脂类形成的糖脂是细胞膜和神经组织的组成成分；糖与蛋白质结合成的糖蛋白是一些抗体、酶和激素的组成部分；核糖和脱氧核糖是核酸的重要组成部分。

4. 维生素

维生素是存在于食物中的一些小分子有机化合物，是维持机体正常生命活动所必需的，其在体内含量极微，但在机体的代谢、生长、发育等过程中起重要作用。维生素种类很多，各种维生素也各具独特作用，按其溶解性，常分为脂溶性维生素与水溶性维生素两大类。脂溶性的有维生素 A、D、E 及 K 等，水溶性的有维生素 C、B₁、B₂、尼克酸、B₆、B₁₂、叶酸、胆碱、肌醇、泛酸和生物素等。饲料中脂溶性维生素多时能在龟类体内贮存，若短时间缺乏，不会立刻出现病症。而水溶性维生素则需要每天供给。

脂溶性维生素列举如下：

（1）维生素 A。

维生素 A 是第一种被发现，也是极重要且最易缺乏的一种维生素。已知植物中维生素 A 的对应物是胡萝卜素，胡萝卜素是维生素 A 的前体，因此胡萝卜素被称为前维生素 A。龟类能把胡萝卜素转化成维生素 A。维生素 A 的主要生理功能有：① 促进黏多糖的合成，维持正常的黏液分泌、上皮细胞分化与上皮组织结构的完整性。② 参与构成视网膜光敏性物质——视紫红质，维持正常的视网膜光敏感性。维生素 A 是许多生理过程的要素，如视觉、生长、骨骼发育、牙齿发育、维持健康的皮膜组织、防癌、生殖、辅酶和激素作用。

（2）维生素 D。

维生素 D 是一种结构上与固醇有关，功能上可防止佝偻病的维生素，具有调节钙磷代谢、促进钙磷吸收、影响骨骼钙化的作用。

（3）维生素 E。

维生素 E 的基本功能是保护细胞和细胞内部结构的完整，防止某些酶和细胞内部成分遭到破坏。维生素 E 是一种强的抗氧化剂，能抑制细胞内和细胞膜上的脂质的过氧化作用，保护细胞免受自由基的损害。维生素 E 作为抗氧化剂，也能防止维生素 A、C 和 ATP 的氧化，从而保证其发挥正常生理作用。

（4）维生素 K。

维生素 K 是肝脏中凝血酶原和其他凝血因子的合成所必不可少的，是肝合成血凝蛋白质所必需的。缺乏维生素 K 或摄入拮抗剂时，血液中的血凝蛋白质减少，血凝时间延长。维生素 K 还参与细胞内氧化磷酸化作用和蛋白质的合成。

水溶性维生素列举如下：

（1）维生素 C。

维生素 C 又称抗坏血酸、脱氢抗坏血酸、己糖醛酸、抗坏血病维生素，是一种十分重要的物质，首先在柑橘中发现，用来预防坏血病。维生素 C 主要有以下生理功能：①参与体内氧化还原反应中的氢或电子的转移。②参与胶原蛋白的合成。胶原蛋白是连接细胞的重要成分，它含有大量羟化的脯氨酸与赖氨酸。抗坏血酸在脯氨酸与赖氨酸羟化中起重要作用，是活化脯氨酸羟化酶与赖氨酸羟化酶的重要成分，缺乏抗坏血酸时，将影响胶原合成，使创伤愈合延缓，微血管脆弱而产生不同程度的出血，因此，当饲料中长期缺乏抗坏血酸时，可能出现坏血病症状。③促进铁的吸收。④与维生素 E 协同作用，减轻脂类过氧化作用。⑤保护含巯基酶的活性。⑥清除氧自由基的危害。⑦增强免疫力。

（2）硫胺素（维生素 B_1）。

硫胺素的重要作用在于以羧化酶、转羟乙醛酶系统的辅酶参加糖类代谢，由于所有细胞在其生命活动中的能量来自于糖类的氧化，因此，硫胺素也是机体内整个物质代谢和能量代谢中的关键物质。没有硫胺素就没有能量。硫胺素有如下的生理作用：①以焦磷酸硫胺素（TPP）的活性形式，参与 α-酮酸的氧化脱羧反应及磷酸戊糖途径中转酮酶的活性作用。②维持神经组织和心肌的正常功能。③维持胃肠道正常的消化功能。

（3）核黄素（维生素 B_2）。

核黄素的营养作用如下：①参与多种酶的辅基 FAD 和 FMN 的合成。这些酶与线粒体内的氧化还原反应有关，这些反应的底物包括碳水化合物、氨基酸和脂类等。②参与生物膜抗氧化作用。③为能量和蛋白质代谢所必需。

（4）尼克酸（维生素 PP）。

尼克酸也称烟酸，在体内以烟酰胺形式存在。尼克酸的主要生理功能有：①以 NAD 和 NADP 两种辅酶的形式参与体内碳水化合物、脂类和氨基酸代谢。NAD 和 NADP 在一系列的重要生化途径中起作用，如三羧酸循环、脂肪酸氧化与合成、氨基酸降解与合成等。

同时，在体内能量代谢过程中亦起重要作用。②保持皮肤与消化器官的正常功能。③抗过敏作用。

（5）维生素 B_6。

维生素 B_6 的主要生理功能有：①以磷酸吡哆醛的形式作为许多与氨基酸代谢有关的酶的辅酶，参与体内氨基酸的转氨、脱羧、脱氨和脱巯基等代谢。②参与糖原与脂肪酸代谢。③与神经系统的活动有关。磷酸吡哆醛参与由色氨酸合成神经递质 5-羟色胺，许多神经递质的合成需要磷酸吡哆醛依赖酶，所以吡哆醇缺乏会出现神经错乱。维生素 B_6 的功能还涉及脑组织中的能量转化、核酸代谢、内分泌腺功能、辅酶 A 生物合成、草酸盐转化为甘氨酸等。

（6）维生素 B_{12}（钴胺素）。

维生素 B_{12} 的主要生理功能有：①以二脱氧腺苷钴胺素和甲钴胺素两种辅酶的形式参与体内物质代谢。②参与蛋白质、核酸的生物合成。③参与碳水化合物及脂肪的代谢。④促进红细胞的发育和成熟。

（7）叶酸。

叶酸的主要生理功能有：①作为一碳基团的中间载体，参与转运甲基、亚甲基和其他一碳基团，因此与某些氨基酸代谢和核苷酸合成有关。②与维生素 C 和维生素 B_{12} 共同参与红细胞的形成与成熟，主要是由于叶酸促进核酸的合成，进而影响红细胞的生长。③促进免疫球蛋白的合成，进而增进免疫反应。

（8）胆碱。

胆碱的主要生理功能有：①是合成磷脂的原料，因而是细胞结构的组成成分。②以卵磷脂的形式，促进肝脂肪的转运，预防脂肪肝。③为神经递质乙酰胆碱合成的原料，与神经冲动的传导有关。④作为不稳定甲基供体，与体内甜菜碱、蛋氨酸代谢有关。

（9）肌醇。

肌醇的主要生理功能有：①以磷脂酰肌醇的形式构成生物膜。②以磷脂酰肌醇的形式，参与一些代谢过程中的信号传导。③维持皮肤的正常结构。

（10）泛酸。

泛酸又称为遍多酸，其主要生理功能如下：①作为两种重要的辅酶（辅酶 A 和酰基载体蛋白）的组成成分，参与一些重要的物质代谢反应，如葡萄糖、脂肪酸和氨基酸的分解供能，脂肪酸的生物合成等。②维持皮肤及黏膜的正常功能。③维持神经系统的正常功能。

（11）生物素。

生物素的主要生理功能有：①是一些羧化酶、脱羧酶、脱氨酶的辅酶，在羧化—脱羧反应中，生物素作为二氧化碳的中间载体。因此，生物素在碳水化合物、脂肪和蛋白质代谢中起重要作用。②维持皮肤正常的色泽。

5. 矿物质

矿物质是无机盐与微量元素的总称。这些物质在龟类体内的种类及数量是与外界环境存在的种类和数量密切相关的。就目前所知，龟类所必需的矿物元素在 40 种以上。矿物质是一类无机营养物质。它们有的是龟体的组成成分，有的是龟体进行代谢活动不可缺少的物质。

根据矿物质元素在龟体内的含量多少，将其分为常量元素和微量元素，常量元素是指占龟体重 0.01% 以上的元素，包括钙、磷、钾、钠、氯、硫和镁（常量元素包括 Ca、P、Mg、Na、K、Cl、S 等 7 种），它们占体内总无机盐的 60% ~ 80%。微量元素则指体内含量小于 0.01% 的元素，包括铁、铜、锰、锌、碘、硒和钴等（微量矿物元素包括 Fe、Cu、Mn、Zn、Co、I、Se、Mo、Cr、F 等）。矿物质的生理功能包括以下几个方面：

（1）体组织结构物质。钙和磷是构成骨骼、牙齿、甲壳等组织的主要成分。

（2）酶的辅基或激活剂。如锌是碳酸酐酶的辅基，磷酸果糖激酶需要镁，细胞色素氧化酶是含有 Cu 的金属酶。

（3）激素及其他活性物质的构成成分。如甲状腺素中含有碘。

（4）维持酸碱平衡和调节渗透压。Na、K、Cl 等离子在体内起

着维持酸碱平衡和调节渗透压的重要作用。

（5）维持正常的神经兴奋和肌肉收缩。Ca、Mg、K、Na 等元素在体内以离子态的形式参与神经兴奋性的维持和肌肉收缩功能的调节。

矿物质缺乏会引起各种缺乏症，如钙、磷是体内含量最多的矿物质元素，主要存在于骨骼和牙齿中，同时也是卵壳的主要成分。钙对凝血和调节神经肌肉兴奋有重要作用，也是维持龟体各种组织的正常生理状态所必需的。磷除了构成骨骼、牙齿外，其生物学功能较多，参与体内能量代谢，是细胞膜和一些酶的成分，也是体内蛋白质合成不可缺少的物质。磷为核酸、细胞膜的重要成分，参与细胞内的各种生化反应，并参与糖类、脂肪和氨基酸的代谢，在体液缓冲中起重要作用。龟体长期缺乏钙、磷时，幼年龟体发生佝偻病，成年龟类出现骨质疏松症。龟体缺钙时产软壳蛋、薄壳蛋，产蛋率下降，孵化率降低。当缺磷时，龟体会出现消瘦、繁殖异常等现象。锌缺乏时可出现生长缓慢、食欲减退等现象，且死亡率上升。

营养的平衡对龟类的养殖来讲是非常重要的，目前在人工养殖的龟类中，由于营养失衡引起的疾病很常见，特别是脂肪肝的问题，可引起龟类的突然死亡，应引起高度的重视。

（三）管理因素

在龟类的人工养殖中，由于管理失当而造成龟病发生的现象也很常见。

1. 龟池建在排灌水不易进行的地方

由于排灌水不易进行，池水的大量有机物不能及时被排出，易引起池水的水质恶化，造成水栖龟类病害的发生。

2. 龟池建造质量差

砖石水泥结构的龟池建造质量差，其池底、边坡表面粗糙，可造成龟的四肢及腹板磨损，使病原体容易侵入龟体内而造成感染。

3. 放养密度过高和规格差别大

放养密度过高，除容易导致水质变坏外，当个别龟患有传染病时，由于龟具有群集的现象，龟的频繁接触有利于病原体的传播，而且龟与龟之间互相干扰较大，可引起其生理机能失调，抵抗力下降而发病。若同一池中放养的龟的规格差别较大，由于龟具有抢食的习性，会造成个小的和体弱的龟摄食困难，影响其生长发育，抗病力下降而易患病。

4. 将受伤或患病的龟与健康的龟同池饲养

受伤的龟入池后易感染各种病原体，且可将病原体传给健康的龟，使健康的龟感染发病。因此，受伤和患病的龟必须先进行隔离治疗，待痊愈后再放入池中，以免造成病原体的传播。

5. 在捕捞、运输龟过程中操作不当

钓捕法可损伤龟的消化道；叉捕法可叉伤龟体；猎狗追踪龟时可咬伤龟。运输过程中由于追求运输数量，把龟叠成多层而又未采取相应的保护措施，易致龟体压伤、碰伤。有些人在装卸龟时大力地抛丢，易导致龟得内伤。这些都给病原体的感染造成了有利条件。

6. 龟的饲料质量差或投喂不当

长期投喂营养不全面的饲料，易引起龟的营养缺乏症。投喂过多的变质饲料，龟会患脂肪代谢不良症，如脂肪肝等。不坚持定时、定点、定质、定量投喂饲料，龟会摄食不均匀，时饥时饱，影响龟的正常生长，使其抗病力下降而易罹病。

（四）生物性因素

这是主要的且常见的致病因素。生物性致病因子又称为病原体。主要的病原体有如下几类：

1. 病毒（Virus）

病毒是一种比较原始的、无细胞结构的、有生命特征的、能自我复制和专性寄生于细胞内的极小微生物。其大小从几纳米到几百纳米，要借助电子显微镜才能观察到。腮腺炎及一些龟的肿瘤可由病毒感染所致。使龟鳖致病的病毒有疱疹样病毒（Herpesvirus）、弹状病毒（Rhabdovirus）、腺病毒（Adenovirus）、呼肠孤病毒（Reovirus）和虹彩病毒（Iridovirus）等。

2. 细菌（Bacterium）

细菌是单细胞的微生物，可分为球菌、杆菌和螺形菌三种类型。革兰氏染色则可分为革兰氏阳性和革兰氏阴性两大类。细菌是龟类的常见病原体，可引起龟类的腐皮病、疖疮病、肺炎等疾病。主要的致病菌为气单胞菌（*Aeromonas sp.*），该类菌大多是短杆菌，革兰氏染色阴性，氧化酶反应阳性，且有动力，是水体中的常见菌。其他致病菌尚有副肠道杆菌（*Paracolobactrum spp.*）、耶尔森氏菌（*Yersinia enterocolitica*）、爱德华氏菌（*Edwardsiella sp.*）、假单胞菌（*Pseudomonas sp.*）和无色杆菌（*Achrombacter sp.*）等。

3. 立克次氏体（Rickettsia）

立克次氏体包括一大类微生物，有类似细菌的结构，在电子显微镜下可见细胞壁及细胞膜，是一类严格活细胞内寄生的原核细胞型微生物。立克次氏体的共同特点为：①大小介于细菌和一般病毒之间，用光学显微镜可以观察到，以球杆状或杆状为主，革兰氏染色阴性。②专性细胞内寄生，以二分裂方式繁殖。③节肢动物可成为寄生宿主、储存宿主和传播媒介。④多数为人畜共患病的病原体，可引起人和动物的立克次氏体病（如Q热、斑疹伤寒）。⑤对多数抗生素敏感。

4. 衣原体（Chlamydia）

衣原体是一类专性细胞内寄生、有独特发育周期、能通过细菌滤器的原核细胞型微生物。衣原体的共同特点为：圆形或卵圆形，革兰氏染色阴性；核酸为DNA和RNA；严格真核细胞内寄生，有独特的发育周期，二分裂繁殖；具有细胞壁，有核糖体和多种酶类；对多种抗生素敏感。

5. 支原体（Mycoplasma）

支原体是一群介于细菌与病毒之间，目前所知能营独立生活的最小的微生物。它们没有细胞壁，细胞柔软而且形态多变，呈高度多形性，最小个体直径200 nm左右。革兰氏染色阴性。

6. 真菌（Fungi）

真菌是一大类具有典型细胞核，不含叶绿素，不分根、茎、叶，以寄生或腐生方式生存，由单细胞或多细胞组成的真核细胞型微生物。对龟鳖致病的真菌主要有毛霉菌（*Mucor*）和水霉菌（*Saprolegnia*），它们分别可引起毛霉病和水霉病。两者均主要危害稚龟和幼龟，可引起冬眠期稚龟大量死亡。而且在流水池、水质清鲜且透明度较高的池水中（即较瘦的水质）饲养时，霉菌病的发病率有提高的倾向。

7. 寄生虫（Parasite）

寄生虫主要包括寄生性原虫、寄生性蠕虫、寄生性昆虫和寄生性环节动物。

（1）寄生物原虫。

原虫是动物界中最原始、最低等的动物，它的形态简单，通常一个机体只有一个细胞，个体很小，一般需借助显微镜才能看清楚。原虫分布极其广泛，大多数营自由生活，只有少数种类营寄生生活。寄生在龟鳖类的原虫主要为纤毛虫纲中的一些带柄的纤毛虫，如累枝虫（*Epistylis*）、钟形虫（*Vorticella*）和聚缩虫（*Zoothamnium*）等。它们可吸附于龟体上，引起纤毛虫病，使龟活动受阻，生长减慢，严重时可导致稚龟和幼龟死亡。此外，尚有寄生于龟鳖红细胞中的血簇虫（*Haemogregarina*）、寄生于肠道的唇鞭虫（*Chilomastix*）、球虫（*Eimeria*）和溶组织内阿米巴（*Entamoeba histolytica*）等原虫。血簇虫可破坏宿主大量的红细胞，导致被寄生的龟类出现贫血等症状。溶组织内阿米巴则可引起阿米巴痢疾，严重时可致受感染的龟死亡。

（2）寄生性蠕虫。

寄生于龟类的蠕虫有吸虫和线虫等。常见的吸虫有寄生于口腔的多盘吸虫（*Polystoma*）和寄生于肠壁血管中的旋睾吸虫（*Spirorchis*）。常见的线虫有寄生于肠道的蛔虫（*Ascaris*）、十二指肠钩虫（*Ancylostoma duodenale*）和美洲钩虫（*Necator americanus*）。

多盘吸虫属单殖类吸虫，其生活史不需中间宿主，受精卵自虫体产出后，在水中经一段时间后孵出具有纤毛的幼虫（钩毛蚴）。幼虫在水中游泳，遇到龟后就附着上去，然后侵入龟体内，移行到寄生部位，逐渐发育成成虫。

旋睾吸虫属复殖类吸虫，其生活史中需要一种淡水螺作为其中间宿主，成虫产出的受精卵经肠壁入肠腔，然后随粪便排入水中，卵在水中孵出毛蚴，毛蚴侵入螺体内，经胞蚴等无性繁殖阶段发育成尾蚴，尾蚴从螺体内逸出，在水中游泳，遇到龟后即从其软体薄弱部位侵入龟体内，进入血管，随血液循环到达肠壁血管并定居该处，经3个月发育为成虫。成虫的寄生可造成龟血管壁的损害，虫卵经肠壁排入肠腔时可造成肠壁的损害，病变严重或合并细菌感染时龟可死亡。

龟感染蛔虫主要是摄入被感染期蛔虫卵污染的饵料所致。感染期蛔虫卵进入龟体内后，在小肠中孵出幼虫，幼虫穿过肠壁进入肠壁下血管，随血流到达肺部，在肺部穿出毛细血管进入肺泡，在肺泡中发育一段时间后沿支气管、气管到达喉部，然后随龟的吞咽动作进入消化道，到达小肠后定居下来发育为成虫。由于蛔虫幼虫在体内移行过程中的机械损伤作用，分泌物、代谢产物及死后分解产物的毒性作用，可引起龟肠壁和肺部的病变。蛔虫的成虫在龟的小肠中吸收龟的半消化食物，夺取龟的营养物质；其分泌物和代谢物可刺激龟的神经系统，引起不安和烦躁等症状。蛔虫量多时可引起机械性肠梗阻，可导致严重的后果，常引起龟死亡。

钩虫的感染阶段是丝状蚴，一般来说，因龟的皮肤角质化程度较高，钩虫的丝状蚴难以侵入，故被感染的龟主要为幼龟。钩虫的丝状蚴经龟的皮肤侵入后进入血液循环，经肺移行到达小肠，然后定居发育为成虫。幼虫在移行过程中可引起肺部病变；成虫则可用其钩齿或板齿咬破肠壁吸血，并可分泌抗凝血素，导致钩虫移位后，原来的吸血部位仍流血一段时间，致使龟出现贫血、便血和消化不良等症状，严重地影响龟的生长发育。

（3）寄生性昆虫。

寄生于龟类的昆虫现已报道的有蜱、螨、虱和蚊虫。蜱、螨、虱为体外寄生虫，主要寄生于龟体表的柔软部分如眼、鼻及肛门附近。它们用口器刺破龟的皮肤，吸食龟的组织液或血液，干扰龟的正常生活，使龟出现不适、烦躁等症状，并可把一些病原体传给龟。蚊虫为短暂寄生于体外的吸血昆虫，除叮咬吸血外，还常携带一些病原体，但是否能传给龟则有待研究证实。

（4）寄生性环节动物。

寄生于龟类的环节动物主要为水蛭。水蛭又称为蚂蟥。水蛭身体略呈扁筒状，前后端有吸盘，可吸附在临时寄主之上，或用来在固着物上面行走，在口吸盘的后面，常有若干小眼点。吸血的水蛭口内具三块颚片，颚片上有密齿，可咬破寄主组织。咽部有发达的肌肉，有强大的吸吮能力，其周围又有一种唾液腺，能分泌出防止寄主血液凝固的水蛭素，还能分泌一种可扩张血管的类组胺化合物，使伤口处的血流量增加。因此，水蛭寄生于龟体时，可导致龟慢性失血，出现贫血和营养不良等症状，轻者影响龟的生长发育，重者由于长期外源性失血，血红蛋白减少，血液携氧能力下降，呼吸和心跳加快，心脏负担加重，最后可因失代偿导致心衰而死亡。寄生种类常见的有扬子江鳃蛭（*Ozobranchus yantseanus*）和宽体蚂蟥（*Whitmania pigra*）。

8. 敌害生物

龟的敌害生物有多种，它们是：

（1）哺乳类：主要有老鼠、黄鼠狼、猫、獭、狐狸等，它们可危害龟的各个生长期。特别是老鼠，可咬死稚龟和幼龟，咬啃冬眠成龟的皮肉，咬破和吃食龟卵的内容物。

（2）鸟类：有乌鸦、鹰、鸬鹚、翠鸟等。它们可危害稚龟、幼龟和成龟。

（3）爬行类：主要为蛇。蛇可吞食稚龟和较小的幼龟，毒蛇可咬伤成龟，导致其死亡。此外，有一种小头蛇（*Oligodon chinensis*）专门侵害刚产出的和正在孵化中的龟卵，而且它的嗅觉特别灵敏，能准确地探测到龟卵的所在位置，有时还能翻墙而入，是龟卵的大敌。

（4）两栖类：青蛙可吞食稚龟。

（5）鱼类：鳗鲡及凶猛肉食性鱼类可侵害稚龟和幼龟。

（6）节肢动物：一些侵袭性节肢动物如蚂蚁、螃蟹等对稚龟的危害性很大。

二、致病机理

不同的病因有不同的致病机理。物理因素通常为直接损伤龟或降低龟的抵抗力而致病。化学因素常为毒害作用。营养不平衡可影响龟体内的代谢过程而致病。生物因素的致病机理较复杂。

（一）病毒的致病机理

病毒进入龟体内后，可影响其正常生理功能，从而引起病变。

1. 引起宿主细胞的反应

（1）细胞损伤或破坏。

引起这种作用的病毒为杀细胞病毒。其机理有：

① 病毒体的直接毒性作用，如腺病毒的衣壳蛋白质成分。

② 病毒在复制周期中合成的"早期蛋白质"，阻止细胞的正常生物合成。

③ 病毒感染的细胞常导致溶酶体的渗透性发生改变，溶酶体酶释入胞质而引起自溶。这种现象也可能是细胞损伤和死亡后的结果。

④导致宿主细胞染色体发生畸变，阻止其正常分裂。

⑤产生包涵体，可破坏宿主细胞的结构与功能。

此外，大多数病毒能在感染早期引起细胞膜通透性的改变，发生可逆性的早期病变，如浑浊肿胀。如果病变发生在重要的器官如脑血管的内皮细胞，可能发生显著的病理变化。

（2）细胞膜改变。

病毒都能使宿主细胞膜发生改变，引起的变化主要有：

① 细胞融合。如副粘病毒能引起细胞互相融合，称为合胞化（Syncytium），形成多核和巨细胞。

② 细胞表面形成新抗原（由病毒基因组所编码的新抗原）。

2. 导致炎症反应

在病毒感染过程中，病毒释放或因损伤细胞而释放出的毒性物质可引起炎症反应。

3. 引起免疫病理

在某些病毒感染中，宿主的免疫反应可成为发病的机理（产生抗自身细胞的抗体）。

（二）细菌的致病机理

细菌侵入动物体内后，能否突破动物机体的防御机能，破坏其生理平衡而引起疾病，取决于细菌的毒力、侵入的数量以及侵入途径。

1. 毒力（Virulence）

细菌致病力的强弱程度，以毒力来表示。各种细菌的毒力常不一致，并可因环境条件不同而发生改变。因此，在同一种细菌中，也有强毒、弱毒与无毒株之分。实用上以能杀死易感动物半数的致死量（Median Lethal Dose，LD50）来计算。细菌的毒力主要表现在其侵袭力与毒素的强弱。

毒力致病性的强弱程度也可用半数感染量（Median Infective Dose，ID50）表示。即在规定的时间内，通过指定的感染途径，能使一定体重或年龄的某种动物半数死亡或感染需要的最小细菌数或毒素量。

（1）侵袭力（Invasiveness）。

侵袭力是指细菌突破动物机体的防御机能，在体内生长繁殖、蔓延扩散的能力，包括荚膜、黏附素和侵袭性物质等。

（2）毒素（Toxin）。

细菌的毒素包括外毒素和内毒素。

① 外毒素（Exotoxin）：它主要是由革兰氏阳性菌和部分革兰氏阴性菌产生并释放到菌体外的毒性蛋白质，具有不稳定、不耐热、毒性强和抗原性强等特点。其种类包括神经毒素、细胞毒素和肠毒素等。外毒素毒性强，小剂量即能使易感动物致死。

②内毒素（Endotoxin）：它是革兰氏阴性菌细胞壁的主要成分，为一种复合糖脂，称脂多糖（Lipopolysaccharide，LPS），在菌体崩解时释放出来。LPS能诱导TNF和白介素等细胞因子的释放，从而导致多种炎症介质参与的级联反应，引起炎症。

根据细菌毒力强弱及其致病性，可将细菌分为：

（1）致病菌或病原菌（Pathogenic Bacterium，Pathogen）。

具有致病性的细菌称为致病菌或病原菌。

（2）非致病菌或非病原菌（Nonpathogenic Bacterium，Non-pathogen）。

不具有致病性的细菌称为非致病菌或非病原菌。

（3）条件致病菌或机会致病菌（Opportunistic Pathogen）。

有些细菌在正常情况下并不致病，但当在某些条件改变的特殊情况下可以致病，这类菌称为条件致病菌或机会致病菌。

大多数致病性金黄色葡萄球菌（*Staphylococcus aureus*）能产生一种血浆凝固酶，可加速兔血浆的凝固，保护病原菌不被吞噬或受抗体等的作用。化脓性链球菌（*Streptococcus*）可产生一种透明质酸酶（Hyaluronidase），或称扩散因子，可溶解动物机体结缔组织中的透明质酸，使结缔组织疏松，通透性增加，使病菌在组织中扩散，易造成全身性感染。许多细菌有神经氨酸酶，能分解细胞表面的黏蛋白，使之易于感染。细菌的荚膜具有抵抗吞噬及体液中杀菌物质的作用。

多数病原菌兼有侵袭力与毒素；但也有以毒素为主要致病因素的，如破伤风杆菌等；也有以侵袭力为主的，如肺炎球菌等。

2. 细菌侵入的数量

细菌引起感染的能力除受毒力因素影响外，还必须有一定的侵入数量。一般是数量愈大，引起感染的可能性愈大。

3. 细菌侵入的途径

病原微生物进入动物机体必须有一定的途径，否则即使有毒力、数量，亦不致感染。如破伤风杆菌经创口感染（经消化道感染无害），而副伤寒杆菌则经消化道感染（经创口感染无害）。

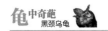
4.感染类型

（1）隐性感染（Inapparent Infection）。

入侵的病原毒力较弱，数量不多，且动物体具有一定的抵抗力，侵入的病原只能进行有限的繁殖，损害较轻，不出现或只出现轻微的临床症状。

（2）显性感染（Apparent Infection）。

入侵的病原毒力强，数量多，且动物体的抵抗力不能有效地限制病原繁殖和损害，出现比较严重的病理变化，出现典型的临床症状。

（三）立克次氏体的致病机理

立克次氏体侵入动物机体后，常在小血管的内皮细胞及网状内皮系统中繁殖，引起细胞肿胀、增生、坏死、微循环障碍及血栓形成，并引起血管周围的炎症浸润。若立克次氏体在实质器官如肝、脾、肾、脑、心脏等的血管内皮细胞中繁殖，可导致这些细胞发生肿胀、增生、代谢障碍、坏死及间质性炎症。立克次氏体具有毒性物质，在试管内可引起红细胞溶解。静脉注射于动物，可引起中毒，常于 24 小时内死亡。

（四）支原体的致病机理

实验发现肺炎支原体、鸡败血支原体等株的细胞膜上具有特殊结构，能吸附于宿主细胞表面，继而造成病损。

（五）衣原体的致病机理

衣原体通过表面脂多糖和蛋白质吸附于易感细胞并大量繁殖，产生致病物质内毒素，从而抑制细胞代谢，使细胞溶解，并引起超敏反应和形成肉芽肿。

（六）真菌的致病机理

水霉菌是条件致病菌，当龟体抵抗力下降时可致病。水霉菌常大规模感染水产动物而导致水霉病的流行，造成严重的经济损失。水霉菌菌丝主要在动物摩擦、碰伤使体表受损后，从受伤部位入侵而导致动物感染。被感染的动物的病症很相似，主要表现为体表出现肉眼可见的白色柔软棉絮状物，表皮糜烂。乌龟罹患水霉病是由真菌侵染乌龟体表大量繁殖所致，一年四季皆可发生。病龟身上长出白色棉絮状水霉菌菌丝，致病原因为拥挤碰伤、冻伤、敌害咬伤、机械擦伤等造成体表组织受损，被水霉菌、绵霉菌在伤处感染。水霉菌菌丝呈白色，柔软，为管形没有横隔的多核体。附着在患病个体损伤处的部分为内菌丝，它纤细而分枝繁多，可蔓延侵入附近的正常组织，深入至龟的皮肤和肌肉，使皮肤与肌肉坏死崩解，从中吸收养料。在患病个体外部的部分为外菌丝，它较粗壮而分枝较少，形成肉眼能见的灰白色棉絮状物。病情严重时表皮出现炎症、肿胀、溃烂、坏死或脱落。病龟最初食欲减退，活动不安，消瘦无力，稚龟背壳被腐蚀变软变薄，以至于停食，机体逐渐衰弱，易在冬眠期间死亡。成龟也可受感染，患病个体生长缓慢，体表受损，影响经济价值。

毛霉菌亦为条件致病菌，主要通过破损皮肤和呼吸道等进入龟体内而引起感染。

（七）寄生虫的致病机理

寄生虫的致病机理依不同种类而不同，总的来说有如下几种类型：

1. 阻塞腔道

腔道寄生虫数量多时可阻塞腔道。如肠道寄生的蛔虫数量多时可引起肠梗阻。

2. 压迫组织

组织寄生虫可压迫组织，导致相应的症状，如脑囊虫。

3. 覆盖作用

有些寄生虫可覆盖于肠腔表面，影响营养物质的消化吸收。有些纤毛虫可覆盖于水生经济动物的鳃部，影响呼吸。

4. 直接损害作用

有些寄生虫可直接损伤组织器官，如棘头虫可致肠穿孔。

5. 掠夺营养物质

肠道寄生虫可夺取宿主的营养物质，造成宿主营养不良。

6. 毒性作用

有些寄生虫可分泌一些毒性物质，造成宿主组织细胞的损害和引起过敏反应。

第二节　常见病变类型

了解动物疾病的病变类型，有利于对龟类疾病的诊断和治疗。

一、局部血液循环障碍

（一）局部充血

机体某一部分的组织或器官含血量超过正常量时叫充血。它是毛细血管、小动脉或小静脉过度扩张，并充满血液的结果。

（二）局部贫血

流入机体局部组织的动脉血减少，因而该处组织含血量减少或红细胞、氧合血红蛋白的含量少于正常者，即贫血，又称缺血。

（三）出血

血液流出血管叫出血。流出体外的叫外出血，瘀积于组织或体腔内的叫内出血。

（四）血栓形成

在心脏或血管的某一部分，血液中有形成分黏集或凝固而形成固体物质的过程叫血栓形成，这种固体物质称血栓。

（五）栓塞

正常时，血液内所不出现的物质（如血栓的脱落、游离的空气、脂肪、寄生物、肿瘤等）随血液流动，进入较小的血管内而阻塞管腔，这种现象称栓塞，阻塞血管的物质叫栓子。

（六）梗死

由于血管的阻塞，局部组织血液供应迅速停止，导致缺氧而发生血管坏死的过程称梗死。

（七）水肿

组织间隙内大量体液的积贮叫水肿。若体液主要积聚在浆膜腔内则称为积液（如体腔积液、心包积液）。在正常情况下，血浆与组织间隙液交换，保持着动态平衡，这种动态平衡包括：①毛细血管与组织间隙组织液循环的动态平衡；②机体对水、钠摄入和排出的动态平衡。上述环节发生障碍都可引起水肿的发生。

二、局部组织损伤

黑颈乌龟常常遭受各种各样生物病原体的侵袭，同时也受到水体中各种理化因子的作用，随时都可能受到不同程度的损伤。组织器官损伤后，可出现形态上和机能上的变化。形态变化可归纳为萎缩、变性和坏死三种情况。出现前两种情况的组织机能减退，但仍存在着活力，除去病因之后，一般可以使组织器官恢复功能；坏死的组织器官，生理机能将完全丧失，不能再恢复。各种有害因子引起细胞、组织或器官的损伤，使细胞、组织或器官的代谢过程发生紊乱，从而出现各种形态结构上的异常，统称为坏变。

（一）萎缩（Atrophy）

生物机体正常发育的细胞、组织或器官出于各种原因而发生体积缩小的过程称萎缩。萎缩是细胞体积缩小或数目减少，这两个过程可同时发生或先后出现。细胞萎缩主要是胞质减少，但是胞核无明显变化。萎缩有生理性和病理性两种。

根据引起物质代谢障碍的原因，可将萎缩分为：

1. 神经性萎缩

神经性萎缩指神经功能失调，可导致组织或脏器的萎缩。

2. 废用性萎缩

废用性萎缩指由于脏器或组织长期性废用而引起的萎缩。

3. 压迫性萎缩

压迫性萎缩指长期压迫，使局部组织的血液循环系统和淋巴系统发生障碍引起的萎缩。

4. 内分泌功能失调性萎缩

当内分泌功能发生障碍时，可引起各种萎缩。如脑垂体机能不足时，可引起甲状腺、卵巢及肾上腺的萎缩，也可以引起全身性萎缩。

5. 理化因素引起的萎缩

放射性物质及 X 射线等能引起淋巴组织、睾丸和卵巢的萎缩；滴滴涕可引起湖鳟及银大麻哈鱼的肝脏萎缩。

6. 进行性全身萎缩

由于饥饿或各种消化道阻塞性疾病所引起的营养不良，皆可引起进行性的全身消瘦和内脏萎缩，如萎瘪病，最初是脂肪组织的萎缩，其次是肌肉、心脏、脾脏、肝脏。脑组织最后萎缩。

萎缩一般都发生在各脏器的实质部分，间质部分有时反而发生代偿性增生。萎缩的基本变化是细胞体积缩小，很少能看到细胞成分有显著变化。肝脏和心肌发生萎缩常有褐色素出现，其中含有脂肪，为细胞内物质代谢的一种产物，因细胞生活机能减弱而不能排出，产物多的时候，可使整个脏器呈褐色，叫褐色萎缩。萎缩对机体的影响决定于病因作用时间的长短、发生的部位、有无其他器官能代替萎缩器官的机能等。一般只要病因消除之后，组织器官是可以恢复原状的。

（二）变性（Degeneration）

细胞或组织受到有害致病因素的损害，其代谢过程发生了障碍，使细胞或组织发生了结构上的变化，称变性。变性的细胞仍保持着活力，但生理机能下降。这种变性属于可逆性变化，当病因除去后，能恢复正常机能，但是持续的严重的变性可以发展成细胞死亡。变性主要有如下几种：

1. 浊肿

浊肿多发生在实质器官，又叫实质变性。病变器官浊肿，包膜紧张，切面隆起，边缘外翻，质地松软，色暗而无光泽。显微镜下观察，可见胞质内含有大量的微细粉红色颗粒（又名颗粒变性），它微溶于碱及稀醋酸溶液，故是一种蛋白质性物质（胞核一般无明显改变）。在电子显微镜下观察，可见线粒体肿胀，内质网小池扩张，核蛋白体消失，以及胞质糖原减少等变化。浊肿细胞的胞核的颜色一般变浅（苏木精染色），因细胞核内的 DNA 减少。

浊肿是一种较轻的变性，当引起浊肿的病因逐渐消除后，浊肿很快减轻或消失，如果引起浊肿病因加剧，浊肿亦可加重，甚至进一步发展为脂肪变，乃至坏死。

2. 水样变性

水样变性是指细胞的胞质或胞核中出现空泡，又称空泡变性，空泡中没有脂肪、糖原和黏液，或只有少许蛋白质的沉淀，因此，空泡的出现是细胞内积有液体的结果。水样变性和浊肿的关系极为密切，是比浊肿更为严重的细胞损伤。血钾过低，细胞内钾离子逸出细胞外，细胞间液的钠离子进入细胞内；休克时细胞缺氧，能量产生不足，钠泵失去功能，钠离子进入细胞内，而钾离子逸出细胞外。以上这些情况，使细胞内的钠离子增多，发生细胞内水肿，即水样变性，开始时细胞内水泡很小，以后逐渐融合成大泡，除了在表皮内形成大泡外，病变的脏器肉眼观察无明显变化。在电镜下观察，胞质中的空泡是由于内质网发生水泡状扩张，这种变化远较浊肿严重，细胞内的线粒体肿胀甚至消失。水样变性轻者容易恢复，重者可进一步发展为坏死。

3. 玻璃样变

玻璃样变是指细胞胞质或间质中出现均匀同质性的玻璃样物质，这种物质具有均质性和对伊红的易染色性。玻璃样变包括多种性质不同的病变，只是彼此具有相似的组织形态变化。玻璃样变可在细胞、血管壁及结缔组织内发生。

4. 脂肪变

凡实质细胞胞浆内出现脂滴，其含量超过正常生理范围，或原来不含脂滴的细胞，在胞质内出现脂滴，都称为脂肪变。严重脂肪变的器官，体积略微增大，呈灰黄色或土黄色，质地松软。脂肪变常见于伴随有机体氧化过程不足的疾病，如各种原因引起的全身贫血，血液循环障碍引起的局部组织缺血等。某些有毒物质、细菌毒素等也可引起脂肪变。

脂肪变与浊肿可同时存在。浊肿的细胞进一步损伤，可出现脂肪变，所以脂肪变是比浊肿更严重的损伤。但脂肪变仍是可逆的。脂肪变常见于肝脏、心脏、肾脏等重要器官。

（三）坏死（Necrosis）

活的机体内，局部组织或某一部分细胞的病理性死亡称为坏死。坏死可以波及整个肢体或器官的一部分，也可以是部分组织或个别细胞的死亡。坏死组织内代谢过程已完全停止，所以坏死是一种不可逆转的病变。坏死的细胞胞核出现核质固缩、核碎裂及核溶解。与此同时，胞质也溶解或凝固，最后细胞的整个轮廓完全模糊不清或消失。

根据引起坏死的原因和发生部位的不同以及有无继发感染等因素，坏死可分为如下几种：

1. 凝固性坏死（Coagulation Necrosis）

由于坏死组织的细胞释放出凝固酶，崩解的蛋白质发生凝固。肉眼观察下，坏死灶较干燥，质地较实，失去光泽，呈灰黄色或灰白色，例如，心脏、脾脏和肾脏的梗死。

2. 液化性坏死（Liquefaction Necrosis）

其特点为坏死组织迅速分解液化。脑组织因水分及磷脂含量高，蛋白质含量低，凝固酶少，故脑组织坏死不能凝固而呈液化状态。肠道溶组织内阿米巴寄生时，由于溶组织内阿米巴的蛋白溶解酶的作用，局部组织（肠、肝）发生液化性坏死。

3. 坏疽（Gangrene）

大块组织坏死（例如，一段肠壁、一段肢体）并伴有不同程度的腐败菌感染称为坏疽。腐败菌分解坏死组织，产生大量硫化氢，硫化氢与红细胞分解所游离出来的铁相结合，形成硫化铁。因此，坏疽区常呈灰褐色或黑色。

由于坏死种类、坏死范围大小、坏死发生部位不同，其结果有如下几种：

1. 吞噬和吸收

范围较小的坏死组织可被白细胞吞噬和溶解后完全吸收，再经过组织的再生而恢复正常。

2. 机化

若坏死组织不能被溶解吸收或脱落排除，则由周围长入幼稚的纤维组织及毛细血管，逐渐将其代替，此过程称为机化，以后形成瘢痕。

3. 纤维包裹及钙化

如果坏死组织不能被吸收或排除，其周围常被增生的纤维组织包裹，其中央部就会逐渐干燥，以后可能有钙盐沉着。

4. 脱落及排除

皮肤及黏膜的坏死组织脱落后，局部可形成溃疡。肺内的干酪样坏死灶的坏死组织液化经气管排出后，该处形成空腔，称为空洞。

三、炎症

炎症是机体对各种有害因子引起的损害，通过神经反射机制表现出局部和全身的防御性反应。

（一）致炎因素

1. 生物性因素

生物性因素为最常见的致炎因素，包括病毒、细菌、立克次氏体、支原体、衣原体、真菌、寄生虫等病原体。不同的病原体通过不同的致病机理而引起炎症。

2. 化学性因素

强酸、强碱等外源性化学因子可在其作用部位通过腐蚀组织而引起炎症。机体内组织坏死的崩解产物及某些代谢产物的堆积（如尿素）也可在其蓄积和吸收的部位引起炎症。

3. 物理性因素

机械力、低温、高温、紫外线和放射性物质等，当作用强度达到一定时均可引起炎症。

4. 过敏反应

在致敏原的作用下，产生过敏反应，造成组织损伤而导致炎症。

（二）炎症的病理过程

发生炎症时，除了常见的全身反应外，局部组织会发生一系列机能和形态的变化。其基本病理过程可归纳为：

1. 变质（Alteration）

变质是指炎症局部组织、细胞的变性和坏死。变质的原因是：①理化因素和生物因素直接作用而引起；②血液停止流动或血栓形成，造成局部严重缺氧，糖酵解增强，酸性代谢产物（如乳酸）增多，形成局部酸中毒，这样又可进一步影响组织和细胞的代谢，使变质加剧。同时组织分解产物，如蛋白胨、组织胺、有机酸等又能使血管渗透性提高，更增加了循环障碍。

2. 渗出（Exudation）

发生炎症时，血液内的液体成分（如血浆蛋白、电解质、营养物质、抗体等）和血液的细胞从血管内外逸的过程称为渗出。渗出给局部组织带来液体、抗体、吞噬细胞，以稀释有害物质和消除炎症致病的病原体，消除组织坏变的产物。因此，渗出具有积极的意义，是局部组织防御反应的最重要的、有特殊性意义的改变。

急性炎症的过程：①血管充血性变化。病原侵入后，刺激局部组织，通过神经反射作用，引起小动脉和毛细血管的扩张，血流加快，局部组织供血量增多，营养物质增加，代谢旺盛，抵抗力增强。随后血管网继续扩张，血流速度由加速而逐渐变慢，产生瘀滞；同时，由于组织分解产物（如组织胺）可使血管神经和血管肌层发生麻痹，管壁紧张性降低或消失，因而血管的渗透性提高，血浆便向外透出。②细胞活动。炎症区的渗出物富有细胞成分，有的细胞因血管壁渗透性提高而被动渗出血管外，如红细胞；有的则能主动地游出血管外，并营吞噬作用，如白细胞。白细胞穿出血管，与刺激物、组织分解产物接触之后，便可把它们包围在自己的胞质内，进行酶性消化，这一过程就是吞噬现象（Phagocytosis）。吞噬是炎症防御措施中极为重要的一环。

3. 增生（Proliferation）

它是致病因素长期作用或受组织坏变崩解产物的刺激所致的。在发生炎症过程中，血管或纤维细胞、网状内皮细胞及某些实质细胞（如肝细胞）均可增生，成纤维细胞、毛细血管及炎症细胞（淋巴细胞、大单核细胞、浆细胞等）共同构成肉芽组织，它存在的时间久了以后，其中成纤维细胞产生较多的胶原纤维，毛细血管的数量减少，炎症细胞的数目减少，这样就逐渐地变为瘢痕组织。浆膜腔渗出的纤维素过多时不能完全被吸收，被肉芽组织代替（即机化）以后，也会变为瘢痕组织。

变质、渗出及增生的改变在炎症病灶里往往是综合出现的，三者并不是单独进行的，而是处于一个损害与抗损害的对立体中。变质是组织的损害，而渗出和增生是机体抗损害的防御性反应，它们相互斗争推动炎症发展。当抗损害因素成为主要矛盾方面时，炎症将向愈复方向发展。相反，如果损害因素成为主要矛盾方面时，则炎症扩散，或向慢性发展。

增生的组织主要有：①炎症细胞（巨噬细胞、浆细胞和淋巴细胞）；②成纤维细胞；③血管内皮细胞（并形成新的毛细血管）。增生组织的作用：①对抗致病因子；②吸收清除坏死组织；③包裹慢性病灶和不能吸收的坏死组织；④修补缺损。

增生是慢性炎症的主要特征。因发生慢性炎症时，病因的作用一般比较缓和，病菌数量较少，所以变质和渗出不如急性炎症那么显著。慢性炎症经过的时间越久，增生的纤维组织就越积越多，可引起器官和组织严重变形，造成不良后果。由此可见，增生对机体有相当大的保护意义，但增生过多，反而对机体有害。

（三）炎症的主要症状

炎症的主要症状有：红（局部组织器官充血的结果）、肿（炎症渗出及增生的结果）、热（发生炎症时局部组织或器官的动脉血及物质代谢旺盛、增强，局部产热增加所致，但在龟类不明显）、痛（与局部组织肿胀、压迫或牵引感觉神经末梢，以及代谢产物刺激局部有关，龟类不明显）及机能障碍。

（四）炎症的类型

根据病程的长短和发病的缓急，可将炎症分为急性炎症、亚急性炎症和慢性炎症等几类。根据炎症的主要病变特点，又可分为变质性炎、渗出性炎和增生性炎。

（五）炎症的经过和结局

每一种炎症性疾病的性质和经过，都是由具体的病因和具体的机体反应性和防御性功能所决定的，双方力量的对比决定了炎症的发生、发展过程，双方的特点决定了炎症的特殊性。

1.急性炎症的结局

（1）痊愈。它可分为完全性与不完全性痊愈。通过炎症过程中的各种抗损害措施，机体克服致炎因子，将炎症区崩解的组织和渗出物吸收，受损的组织通过周围健康细胞的再生而得以修复，并完全恢复其正常组织的结构和功能，称完全性修复。如果组织受损比较严重和范围比较广，不容易被吸收消散，就要通过血管和成纤维

细胞的增生，形成肉芽组织以填补或包裹缺损的组织。此后，肉芽组织中的毛细血管及浸润的炎细胞数量逐渐减少，胶原纤维大量增生，就形成了疤痕组织。机体原来的组织，部分地或全部地为疤痕组织所代替，其功能可能有不同程度的障碍。此种修复不能完全恢复其正常组织的结构和功能，称不完全性修复。

（2）迁延不愈转为慢性炎症。当机体抵抗力低下和未经彻底治疗时，致炎因子不能及时清除，仍持续或反复作用于机体，使炎症迁延不愈，转为慢性。慢性过程中又可反复急性发作。

（3）蔓延扩散。在病原微生物数量多、毒力强及机体抵抗力差的情况下，炎症可直接沿组织间隙向四周蔓延，或通过淋巴管和血管播散全身，引起菌血症、毒血症、败血症和脓毒败血症。

①菌血症（Bacteremia）：病灶局部的细菌入血，血液中可查出细菌，无全身中毒症状的表现，称菌血症。

②毒血症（Toximia）：大量病原微生物的毒素或大量的毒性代谢产物被吸收进入血液，称毒血症，可引起全身中毒症状和实质器官的变性和坏死。

③败血症（Septicemia）：细菌入血后大量繁殖，产生毒素，引起全身中毒症状和病理变化，称败血症。从血液中常可以培养出致病细菌。

④脓毒败血症（Pyemia）：它是化脓性细菌或真菌进入血液，并在血液中生长繁殖而引起的一种败血症，除全身性症状外，还在一些脏器（如肝脏、肾脏等）形成多种脓肿。

第三节　病害诊断

一、发病的症状与体征

不同的疾病有不同的临床表现，根据其发病的症状与体症即可大概了解疾病的类型。黑颈乌龟生病时，往往表现出异常行为，如长期缩头不动、拒食、独处等。平时注意观察能及时发现病龟，及早治疗。龟的异常行为也是龟病诊断的依据之一，如龟不断用前肢擦眼，是眼疾的表现；爬动和游泳时身体不平衡表明身体可能有伤；龟呼吸困难，口有白沫，可能是肺部感染。除了观察龟的行为之外，仔细观察龟池环境、水质状况、吃剩的饵科和排泄物等，对龟病的诊断也有很大帮助。

二、流行病学调查

流行病学是研究疾病的生态学和防治对策的一门科学。流行病学调查是科学制定预防疾病的措施基础，也是诊断传染病的基础。传染性疾病的流行必须具备三个条件。

（一）传染源
传染源是指体内感染有病原体并能排出病原体的动物，包括发病的动物和带病原体的动物。病原体是能引起疾病的微生物和寄生虫的统称。

（二）传播途径
传播途径是指病原体从传染源排出后，侵入新的易感动物前，在外界环境中所经历的全过程。病原体必须借助一定的途径（接触、污染等）才能传给正常动物而使后者致病。

（三）易感动物
对某种传染病缺乏免疫力，易受该病感染的动物称易感动物。当龟受各种因素影响出现抵抗力下降时，即可成为某种传染病的易感动物。

此外，传染病的流行常有地方性、季节性等特点。

三、病原体检测

要确诊某种疾病，必须找出其致病因子（病原体），要治疗某种疾病也必须明确其病因，所以，病原体的检测非常重要。不同的病原体有不同的检测方法。其检测手段有如下几种：

（一）肉眼检查

用肉眼对病龟进行全面的检查。因黑颈乌龟为水栖性，可进行带水检查和离水检查。带水检查是将龟放入装有水的容器（白色瓷盆或脸盆）中，观察龟在水中的活动情况及体表症状。该法适用于稚、幼龟和水霉病等的检查。离水检查是将龟取出后，直接观察龟的外部情况，寻找可见的病原体，如一些体表寄生虫用肉眼即可发现。如有患病部位，要仔细观察。病龟死后可对其进行解剖，了解内脏器官的病变情况及寻找病原体（适用于腔道、组织寄生虫）。

（二）显微镜检查

取有病变的组织器官涂片或切片后镜检，寻找病原体或根据特有的组织细胞病理变化来进行诊断。肠道寄生虫病可取宿主粪便镜检虫卵或虫体。在光镜下能检出的病原体有：细菌、真菌、病毒包涵体、原虫、蠕虫及节肢动物等。

（三）电镜检查

有些病原体很小（如病毒、支原体、立克次氏体等），须在电镜下才能观察到。

（四）细菌培养

可将病变组织进行细菌培养，找出致病菌，并可做药敏试验，找出有效的治疗药物。

(五) 免疫诊断

可用各种免疫诊断方法进行辅助诊断。在龟鳖类，应用较多的有：

1. 单克隆抗体技术

单克隆抗体（Monoclonal Antibody，McAb）指由单一克隆 B 细胞杂交瘤产生的、只识别抗原分子某一特定抗原决定簇的、具有高度特异性的抗体。单克隆抗体技术是 Kohler 和 Milstein 于 1975 年发展起来的利用杂交瘤细胞制备大量针对某一抗原决定簇的特异性抗体的技术。其原理是将产生抗体的单个 B 淋巴细胞同肿瘤细胞杂交，获得既能产生抗体，又能无限增殖的杂交瘤细胞，此杂交瘤细胞生产出来的抗体即为单克隆抗体。单克隆抗体与常规血清抗体相比，具有特异性强、能识别单一抗原决定簇，且容易制备等优点，在病原体检测中得到广泛应用。

2. 酶联免疫吸附试验

酶联免疫吸附试验（Enzyme Linked Immunosorbent Serologic Assay，ELISA）的基本方法是将已知的抗原或抗体吸附在固相载体表面，使酶标记的抗原抗体反应在固相表面进行，用洗涤法将液相中的游离成分洗除。常用的方法有双抗体夹心法和间接法，前者用于检测大分子抗原，后者用于测定特异抗体。ELISA 的基本原理是酶分子与抗体或抗抗体分子共价结合，此种结合不会改变抗体的免疫学特性，也不影响酶的生物学活性。此种酶标记抗体可与吸附在固相载体上的抗原或抗体发生特异性结合。滴加底物溶液后，底物可在酶作用下使其所含的供氢体由无色的还原型变成有色的氧化型，出现颜色反应。因此，可通过底物的颜色反应来判定有无相应的免疫反应，颜色反应的深浅与标本中相应抗体或抗原的量呈正比。此种显色反应可通过 ELISA 检测仪进行定量测定，这样就将酶化学反应的敏感性和抗原抗体反应的特异性结合起来，使 ELISA 方法成为一种既特异又敏感的检测方法。由于 ELISA 具有特异性强，灵敏度高，反应快速，结果可以定量，也可对抗原、抗体以及抗原抗体复合物进行定位分析等优点，已被广泛应用于多种细菌和病毒等疾病的诊断。

（六）分子生物学诊断

可利用核酸探针技术等方法进行诊断。目前有些研究者参照鱼类疾病的诊断技术，尝试建立龟鳖疾病病原的 PCR、核酸杂交等分子生物学诊断技术。

第四节　病害防治原则

不同病因引起的疾病应采取不同的防治措施，但总的原则是以预防为主，而且是采取综合性的防治措施。

龟病具有如下特点：

（1）开展龟的人工养殖时间较短，龟病的研究尚未引起科学界足够的重视，这方面的资料很少，防治方法及防治措施还很不完善。

（2）潜伏期长。龟感染病原体后，往往经很长一段时间才发病。而且龟活动缓慢，胆怯怕人，平时藏于水中或缩在壳内，即使患病也不易被发现，只有病情严重时才因表现异常而被发现，但此时已难以挽救。

（3）病程较长。成龟患病后一般可维持相当长的时间而不死。如患水霉病的龟，全身的皮肤都密布水霉时还可存活数周，直至消瘦或合并细菌感染时才死亡。但稚龟和幼龟的病程较短，稚龟患水霉病后可在短期内死亡。

（4）合并症和并发症多。龟可同时感染数种疾病，或感染一种病后出现另一种并发症。如龟可同时感染水霉病和腐皮病，或患腐皮病后并发疖疮病等。

（5）药物治疗效果不满意，治愈困难。因龟病早期不易被发现，不能及时治疗，发现龟有病时其病变已到晚期，龟体极度衰弱，生理功能已严重失调，故此时药物治疗效果不明显。此外，病原体的诊断也比较困难，药物的给予也受到限制，如病龟一般都不摄食，口服给药无法实施，强制内服和注射给药可引起应激反应，有时可加快病龟的死亡。

故对于龟病，应采取"无病先防，有病早治，以防为主，防治结合"的方针，积极做好疾病的预防工作。

一、控制和消灭各种传染病

龟病中最常见和最重要的是由生物性病原体所引起的各种传染病。传染病的传播包括三个环节，缺一不可。

第一个环节是要有传染源的存在，即要有携带病原体的龟或环境中有病原体存在。第二个环节是要有适宜的传播途径，如通过直接接触传播，通过水体传播及通过媒介生物传播等；第三个环节是要有易感龟的存在，即受伤的龟或抵抗力下降的龟，各种病原体可乘机侵入而感染成功。只要打断上述任何一个环节，即可达到预防传染病的目的。

（一）消灭病原体

各种病原体是引起龟病害的罪魁祸首，是疾病发生的根源，因此，在疾病的防治中，消灭病原体最为关键。具体做法如下：

（1）严格检疫，不引入有病的龟和受伤的龟。对购进的龟要进行消毒和隔离观察一个月，确证未带病原体后方可放入池中饲养。

（2）发现饲养池中有患病的龟应马上将其隔离治疗。同时进行池体消毒和健康龟消毒。

（3）病死的龟应妥善处理，要埋在离养殖场较远的地方，埋完死龟的工具应进行消毒。

（4）彻底清池和消毒池水。放龟前，应彻底清池，先排干池水，将块状生石灰加水化浆后均匀泼洒于池底及其最高水位线以下的四周边坡上，以杀灭池中的病原体及敌害生物。亦可用漂白粉清池。

（5）消毒龟体。龟入池前要进行消毒，入池后也要定期消毒。

（二）切断传播途径

（1）设施与用具消毒。龟类投食点每天投喂前应认真清洗，并定期用高锰酸钾溶液消毒。小型工具如桶、盆、抄网等放在 10 ppm 硫酸铜或 20 ppm 高锰酸钾溶液中浸泡 5 分钟以上，大型工具可经阳光曝晒后使用，以达到消毒的目的。

（2）饵料消毒。螺、蚌、鱼、虾、蚯蚓等动物性鲜活饵料采集后，需先用清水冲洗干净，再放在 5% 食盐水中浸泡 5 分钟后再投喂。

（三）提高龟体抗病力

可从以下方面着手：

（1）日常操作中尽量减少龟体受伤，以免损害龟体的天然屏障，给病原体以可乘之机。

（2）加强龟的营养，提高龟体的素质，增强其免疫力。

（3）人工免疫。在龟类，这方面的研究仍很薄弱，有待开展。

二、创造良好的环境条件

养殖环境的好坏直接影响龟的生长和疾病的发生、发展。养殖环境的好坏可从四个方面来评价，即声、温、土、水。其中水环境是贯穿整个养殖过程的重要环节。

（一）避免噪声

养龟场要尽可能避开公路、噪声大的工厂以及喧闹的场所，宜选择在阳光充足、环境安静、生态协调的地方，使龟有良好的摄食和栖息环境，减少和消除恐惧心理，减少应激性，提高抗病力。

（二）适宜的温度

它包括气温和水温。黑颈乌龟为水栖型，水温有直接的影响，而气温则通过影响水温而间接发挥作用。温度过高时可引起龟中暑，温度过低时可导致龟冻伤甚至冻死。因此，要尽量创造适宜的温度环境。

（三）良好的陆地环境

龟类生活在陆地上要求有较好的隐蔽环境，同时有供龟进行阳光浴的场所，空气清新，环境安静，有足够的活动场地。如环境受到污染，可影响龟类的生活和生长发育，降低龟类的抗病能力，使龟类易受病原体感染而发病。

（四）清新的水环境

水质的好坏与龟病的发生发展有密切的关系。如水质被污染可引起龟病或中毒，养殖池的水质恶化（如池水缺氧，氨氮、亚硝酸盐等有毒物质积聚等）不仅影响龟的生长，使其抗病力下降，而且为病原体的大量繁殖创造了条件。因此，应保持水质清新，避免污染。

三、坚持科学饲养

水生动物病害是否发生与饲养管理有很大关系。管理工作科学、仔细、全面，水生动物病害就能得到较好的控制；反之，水生动物病害发生机会就多。科学饲养主要包括如下内容：

（一）合理放养

各龄期龟均按照推荐的适宜放养密度进行放养。这样既可减少龟病害的发生，又可提高经济效益。

（二）合理投喂

饲料的营养要全面，营养配比要合理，且容易被龟消化吸收；饲料要无发霉、氧化变质现象。饲料的投喂应做到"四定"，即定时、定点、定质、定量，以免因投喂不当而导致龟病的发生。

（三）加强管理

要坚持勤观察，勤检查，发现问题及时解决，以减少龟病的发生。

第五节　防治药物及给药方法

一、防治药物

（一）消毒杀菌药

1. 水体消毒药

（1）生石灰。

生石灰为最常用和效果最好的清池消毒剂。生石灰撒入池中后，遇水即发生化学反应，产生氢氧化钙和碳酸钙，同时放出大量热能。氢氧化钙为一种强碱，可在短时间内使池水的 pH 值提高到 11 以上，从而能迅速而有效地杀灭池中的敌害生物、野杂鱼类和各种病原体，并能改变和中和淤泥中的酸碱度，使池水呈微碱性，提高水的缓冲能力和使水中的胶状有机物沉淀，澄清池水，增加水中的钙离子浓度。碳酸钙能疏松底泥，改善底泥的通气条件，加速细菌对底泥中各种有机质的分解，减少有害物质（如氨氮）和有害气体（如硫化氢）的产生，增加水中氮、磷、钾等离子，补充龟体的营养成分，从而减少龟病的发生。

应用生石灰清塘时，有干池清塘与带水清塘之分。

① 干池清塘。放干池水，按 50 ~ 100 mg/L 的用量将生石灰均匀地泼洒在池底泥土或沙上，然后翻耕并让其曝晒。

② 带水清塘。通常使用在排水困难的池塘中。将池塘水排至 1 m 深，生石灰用量为 400 ~ 600 mg/L，在池岸上用水化开，趁热向全池均匀泼洒。

全水泥池放养前的清洗和消毒：新修的龟池在使用前要浸泡 20 天，在此期间要多次换水。放龟前要把池注满水，然后加入 30~50 mg/L 的生石灰浸泡消毒。

生石灰药性消失较慢，需 7 天后才能放龟。

注意：使用的生石灰越新鲜越好，且必须是没有吸水潮解的，

呈块状。因生石灰的本质为氧化钙（CaO），氧化钙可吸收空气中的二氧化碳和水生成碳酸钙，从而失去杀菌效力。放置时间越长，其消毒效果越差。

（2）漂白粉。

漂白粉（$CaOCl_2$）一般含有效氯 30% 左右，主要成分为次氯酸钙，在水中生成次氯酸离子和氢氧化钙。次氯酸生成后立即释放出新生态氧，对细菌、病毒、真菌、敌害生物等都有不同程度的杀灭作用。氢氧化钙可调节 pH 值，使其呈微碱性。漂白粉的消毒效果与生石灰的消毒效果相当，但无改良水质和底泥的作用。其优点是用量小、使用方便。

使用漂白粉清塘时，也分干池清塘和带水清塘两种。干池清塘是将池水排至 5 ~ 10 cm，然后加入 10 mg/L 的漂白粉进行消毒。带水清塘时水深 1 m，漂白粉用量为 20 mg/L，将漂白粉加水溶解后立即全池遍洒。

全水泥池放养前的消毒浓度为 30 ~ 50 mg/L。

漂白粉的稳定性差，在空气中易潮解失效，在光、热、潮湿环境中分解速度加快，可导致使用时有效氯含量不够，影响消毒效果。因此，漂白粉应放置在阴暗、干燥、通风处密封储存，不能使用金属容器。使用前须测定其有效氯含量，据此推算实际用量。溶解的漂白粉不能久置，因时间一长，漂白粉中的氯离子会游离出来散发到空气中，致使杀菌效果下降。此外，漂白粉有一定的毒性和腐蚀性，会腐蚀人的皮肤和衣物等，故使用人员应戴口罩和穿工作服，在上风面泼洒。

漂白粉清池药性消失快，5 天后即可放龟。也可用生石灰和漂白粉联合清池，两者的用量各为上述的一半。

2. 龟体消毒药

除了清理和消毒龟池外，龟体也要进行消毒处理。因所购买的龟可能携带各种病原体，当放入池中后，可把病原体带入池中，当水质恶化或龟抵抗力下降时，病原体就会大量繁殖而导致龟病的发生。龟体消毒最常用的方法是药浴法，其中最常用的药物是高锰酸钾。

高锰酸钾又称灰锰氧，为深紫红色粉状结晶，带蓝色金属光泽，易溶于水，在空气中稳定。为强氧化剂，与有机物（如病原微生物）相遇时放出新生氧，通过氧化细菌体内活性基团而发挥杀菌作用。进行药浴的浓度为 20 ppm，药浴时间 15 ~ 20 min。但应注意，溶液久置后易失效，故应新鲜配制。此外，高锰酸钾低浓度有收敛作用，高浓度有刺激和腐蚀作用。池中水体消毒时可用 10 ppm 的高锰酸钾溶液遍洒，可杀灭蛭类和钟形虫等寄生虫。

（二）治疗用药

根据龟的患病情况及对症治疗的需要，治疗用药又可分外用药、内服药和注射用药等。

（1）外用药主要用于药浴或局部涂敷。可供外用的药物较多，有磺胺类、抗生素类、氧化剂、消毒剂、食盐、小苏打以及中草药等。目前较常用的有土霉素、磺胺药、高锰酸钾、聚维酮碘溶液等。

（2）内服药常将药掺入饵料中，龟摄食即可将药物摄入。常用的内服药有抗生素、磺胺类、中草药及一些维生素类药物。

（3）注射用药一般为抗生素类。因水体中的致病菌主要为革兰氏阴性杆菌，故主要应用对其有作用的氨基甙类抗生素，如链霉素、卡那霉素等，也可用广谱抗生素。一般不主张用青霉素类药物，因其只对革兰氏阳性菌有效，对革兰氏阴性菌无效或效果极差。

二、给药法

龟患病后，要用药物治疗。针对不同的病情，具有不同的给药方法。但总体上可分体外给药和体内给药两种途径。体外给药有涂抹法、浸浴法和遍洒法等；体内给药有口服法、口灌法和注射法等。

（一）涂抹法

涂抹法是在病龟病灶部位涂抹药液或药膏（如抗生素软膏），借以杀灭病原体，促使伤口愈合的方法。涂抹前，最好先清洗病灶表面的污物，涂抹后，将病龟置于无水处约半小时，让药液或药膏晾干。

（二）浸浴法

浸浴法是将治疗药物置于水中药浴病龟，以便杀死龟体表的病原体或促使体表病灶收敛、愈合。适用于龟体消毒及水霉病、腐皮病、体外寄生虫的治疗。因龟体表难以吸收药物，故对于内部感染，药浴效果不佳。

（三）遍洒法

遍洒法是将防治药物用水溶化后均匀泼洒全池的给药方法。全池泼洒药物一定要准确测量水体，准确计算药物的使用量，称取药物并将药物溶解到适量水中，然后将药物的溶液均匀地泼洒到整个龟池中。适用于体外感染微生物或寄生虫而引起的龟病，既能杀灭龟体上的病原体，又能杀灭池水中的病原体，对龟病的预防与控制有较好的效果。

（四）口服法

口服法是把药物混入饲料投喂的给药法。具体使用方法有两种：①将药物与龟喜食的配合饲料混合。拌入适量的黏合剂，制成药团、药面或大小适合的颗粒，投喂到龟饲料台上。②将药物与适量的黏合剂混合，用水调成糊状，然后用龟喜食的鲜活饲料黏上药物，晾干后投喂。该法适用于杀灭体内的病原体，药物吸收后对体表病原体的感染也有杀灭作用，可用于预防和病情较轻的龟病治疗。但对病情较重已停止摄食的龟，该法无法实施。

（五）口灌法

这是口服法的一种补充方法，用筷子或木棍塞入病龟口中，然后将药水用注射器灌入。适用于病情较重已失去摄食能力的病龟的治疗。注意操作要小心，不要使病龟造成损伤；动作尽量快捷，避免病龟过长时间地处于应激状态；药物一定要注入病龟的咽喉部位，避免灌入的药物从口中流出。

（六）注射法

注射法适用于病情严重的龟，是一种促进龟快速吸收药物、发挥药物疗效的给药方式。此法效果较好，药液可直接进入龟体而发挥作用。注射方式有肌肉注射和腹腔注射两种，以肌肉注射较常用和较安全。

第六节　常见疾病及防治

不同的致病因素可引起不同的疾病。龟类疾病的研究尚缺乏系统性，对疾病的描述较多，理论研究较少，仍是一个有待深入的领域。黑颈乌龟属于水栖龟类，其所患疾病与一般淡水龟类相同，但由于黑颈乌龟养殖历史较短，养殖的规模较小，其抵抗力也较强，只要注意保持良好的水质、合理的喂养、平衡的营养、新鲜的饲料、科学的管理和做好预防天敌的工作即可。在黑颈乌龟养殖过程中出现的病害并不多，下面就常见的几种传染性疾病及其防治做一介绍。

一、肺炎

（一）病因

多因感冒而继发细菌感染而引起。

（二）症状

病龟精神萎靡，食欲减退，行动迟缓，张口呼吸，呼吸急促，眼角膜混浊，口鼻有分泌物排出，最后可衰竭死亡。

（三）防治

（1）注意温差变化，预防感冒。

（2）积极治疗感冒，辨证施治。

（3）用抗生素治疗细菌性肺炎。如用 1 mL 含 4 万国际单位的硫酸庆大霉素，按龟体重 1 kg 用 0.2 mL 计算，用注射用水稀释后肌肉注射。每天 1 次，连用 5 天。

（4）用消炎抗菌的中草药进行药浴。但不主张用抗生素药浴，目前尚无抗生素药浴的药物动力学和药效学的研究结果，对抗生素药浴治疗作用难以评价。在抗生素药浴情况下，当抗生素药液的浓度达不到杀菌的作用时，病原菌很容易产生耐药性。

二、胃肠炎

（一）病因

多因池水不洁，喂食过量或进食腐败变质的饲料而引起。病原菌为点状产气杆菌或沙门氏菌。

（二）症状

病龟少食或不食，四肢无力，行动迟缓，肛门红肿外翻，粪便稀烂不成形，有黏液或脓血。解剖可见肠道充血、肿胀。

（三）防治

（1）保持池水清新。

（2）按"四定"投喂，饲料要新鲜，避免投喂腐败变质的饲料。

（3）如龟能进食，可在饲料中添加抗菌中草药或广谱抗生素。

（4）如龟不能进食，可肌注氨基甙类抗生素。

三、白眼病

（一）病因

多为龟放养密度大，互相抓挠造成眼部受伤或因水质不佳，刺激眼部而使病龟用前肢擦眼部，感染细菌所致。

（二）症状

病龟眼部充血，眼睛肿大，眼角膜和鼻黏膜出现糜烂，眼球外表被白色分泌物掩盖。患病后，病龟常用前肢摩擦眼部，行动迟缓，停止摄食。严重时，病龟眼睛失明，最后瘦弱而死。

（三）防治

（1）加强龟的营养，增强抗病力。

（2）用 1.5 mg/L 的漂白粉全池遍洒进行带水消毒。

（3）用抗生素类眼药膏，如金霉素眼药膏、四环素眼药膏等涂抹患处或用氯霉素眼药水滴入患处。

四、腐皮病

（一）病因

由嗜水气单孢菌、假单孢菌及无色杆菌等数种细菌感染所致，其中以嗜水气单孢菌为主。

（二）症状

病龟四肢、颈部、尾部皮肤坏死糜烂，出现溃疡。病情进一步发展时，皮肤组织坏死，颈及肢体骨骼外露，尾部糜烂，脚爪脱落，最后死亡。该病常继发于龟受伤后，各龄期龟均可患病，以稚、幼龟病情较重。

（三）防治

（1）彻底清池，并防止龟体受伤。

（2）放养前用 10 mg/L 的漂白粉药浴 30 分钟，进行龟体消毒。

（3）用季胺碘盐 0.2 mg/L 浸泡，连用 5 天。

（4）病情较重的可肌注氨基甙类抗生素。

五、疖疮病

（一）病因

由嗜水气单孢菌感染而引起。多因龟体表受伤后，细菌继发感染所致。

（二）症状

发病初期，病龟的颈部、四肢长出一个或数个芝麻大的或绿豆大的疖疮，随后疖疮逐渐隆起，向外突出，用手挤压病灶，可挤出粉刺样易压碎，并伴有腥臭气味的浅黄色颗粒或白色脓汁状内容物。严重时，疖疮溃烂，向周围皮肤扩展，呈腐皮病症状。感染此病后，病龟活动减弱，食欲减退或停食，体质消瘦，静卧不动，头不能缩回，直至衰竭而死。病变较轻、龟体质较好时，疖疮病可自愈。此病可危害各龄期的龟。

（三）防治

基本同腐皮病。病灶处可搽四环素等抗生素软膏。

六、水霉病

（一）病因

由水霉科中的水霉属和绵霉属的真菌感染引起。

（二）症状

病龟的四肢和颈部可看到大量白色棉絮状物，在水中更易观察到。病龟皮肤糜烂，食欲减退，行动迟缓，烦躁不安，消瘦无力。在显微镜下观察，可见患处皮肤出现明显损害，表皮糜烂（图5-1），角质层疏松脱落（图5-2、图5-3），表皮细胞空泡化（图5-4），胞内细胞核固缩甚至消失，真皮层出现不同程度的坏死病灶，结缔组织受损，肌层中亦可见菌丝体（图5-5）。除了皮肤病变外，病龟脑部组织也受到侵害而出现组织水肿（图5-6），细胞空泡化，细胞核固缩，出现凋亡的特征。该病对稚、幼龟危害较大，尤对孵出后两个月内的稚龟危害严重，可引起大量死亡。

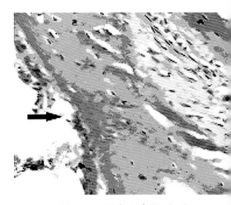

图5-1 示表皮糜烂（→）

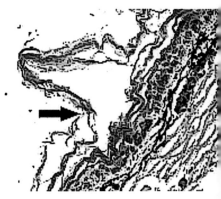

图5-2 示皮肤角质层疏松（→）

图5-4 示细胞空泡化（→）

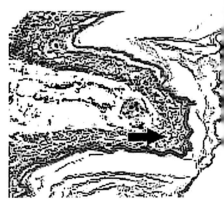

图5-3 示脱落的角质层（→）

图5-5 示菌丝体（→）

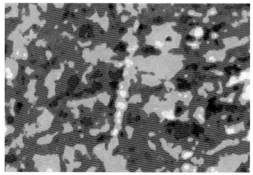

图5-6 病龟脑部出现细胞水肿

（三）防治

（1）彻底清池，并防止龟体受伤。

（2）培肥水质，降低透明度，尤其是新池新水，更要注意水质的培育。因为水质清淡，霉菌易迅速繁殖，感染龟体。

（3）全池遍洒食盐和小苏打合剂（1:1），使池水浓度达到1/1 000。

（4）日晒疗法。将病龟置于阳光下30～60分钟，每天1次，反复数次，此法对初发病的龟效果较好。

（5）用3%～4%的食盐水浸洗病龟15分钟，每天2次，连用3~5天。

（6）提高养殖温度至30℃。

（7）使用水质改良剂，可抑制霉菌的生长。

七、白斑病

（一）病因

主要为毛霉菌感染所致。

（二）症状

受感染的龟开始在头颈、四肢出现小的白色斑点，随着病程的

发展，白色斑点逐渐发展成斑块，出现白云状的病变，皮肤表皮开始坏死和脱落，病变可逐步扩展至眼部。病龟活动缓慢，停止摄食，数日后死亡。

白斑病主要流行于稚龟，尤以孵化后1个月内发病率最高。冬眠苏醒后一个月内，幼龟的发病率亦较高。在龟的生长繁殖季节，以水温为25℃~28℃的5~6月份发病率最高。白斑病在某些流水或新鲜清澈的水池中发病率有增加的倾向，而在水质较肥、浮游生物较多时的绿色状态下，由于其他细菌的竞争，毛霉菌的繁殖被抑制，白斑病的发病率反而较低。

（三）防治

同水霉病。

第六章　保护与利用

第一节　保护野生黑颈乌龟的重要意义

　　龟类是古老的动物，它们起源于二叠纪的杯龙类，在中生代末期及第三纪初期最为繁盛，曾和不可一世的恐龙在陆地和水中共同生活。七万年前的白垩纪末期，恐龙全部灭绝，而龟类却生存至今，故有"活化石"的美称。目前所知最早的龟化石纪录是距今两亿年前晚三叠纪的原鄂龟或三叠龟化石。它们在地球的历史中曾经有过辉煌的时期，种族繁衍多样，而且由于其具骨质硬壳，保留下了大量化石供人们研究。龟类资源是大自然的组成部分之一，龟也是地球生物圈中维持生态平衡不可缺少的重要成员。但是，随着世界人口的急剧增长和工业化进程的不断加快，地球的面貌发生了重大变化，茂密的森林变成了城市、公路和矿区，清澈的水源也不断地被工业和生活所排放的有毒物质和废物所污染。龟类的适宜生态环境和栖息场地不断地受到破坏而逐渐缩小乃至消失，加之长期以来人们对保护龟类动物的重要意义认识不足，为了追求眼前的经济利益而大量捕杀龟类，致使野生龟类的种群数量日益下降，有些已在野外绝迹，有些在野外非常罕见，有些则已列为濒危物种。

　　黑颈乌龟由于分布地区狭窄，在自然界中的种群数量本来就很少，再加上人类的任意捕杀，已濒临灭绝。开展野生黑颈乌龟的保护迫在眉睫。

第二节　保护野生黑颈乌龟的措施

（1）加强宣传教育，禁止抓捕野外的黑颈乌龟。人类对野生动物资源的破坏力是非常大的。要做好宣传教育工作，让大家都认识到保护野生黑颈乌龟的重要性，自觉地参与到保护野生黑颈乌龟的行列中来。

（2）保护黑颈乌龟产地的生态环境，控制环境污染。生态环境的好坏直接关系到生物种群的繁衍与分布。生态环境的保护包括森林的保护，池塘、水库、湖泊等大型清洁静止水体的保护，以及溪流和江河的保护等。

（3）建立黑颈乌龟保护区。

（4）大力开展人工养殖。人工养殖黑颈乌龟，不仅可以补充自然资源，保持生态平衡，而且可以满足人们食用及药用的需求。

第三节　黑颈乌龟的利用

自古以来，龟被当作长寿的吉祥动物而备受国人喜爱。龟类是珍贵的动物资源，浑身都是宝，在药用、观赏、工艺制作、食用以及现代科学研究等方面都具有重要的意义和经济价值。

一、营养价值

龟肉营养丰富，味道鲜美。所谓"龟身五花肉"，即指龟肉含有牛、羊、猪、鸡、鱼等五种动物的营养和味道。现代研究表明，龟肉、龟卵、龟血不仅含有丰富的蛋白质，还含有维生素、糖类、脂肪酸、肌醇、钾、钠等人体所需的各种营养成分。人们将龟作为高级滋补品和防治疾病的食疗佳品，以龟肉为主要原料制成的各类龟

肉羹，已成为宴席上的名贵佳肴。

二、医疗保健作用

　　龟乃神奇而古老之生物，可治奇难杂症，有防癌抗癌、清热解毒等功效。龟的药用历史悠久，古今中医书籍中都有关于用龟治病的介绍，其中《本草纲目》对龟的药用价值做了较详细的论述。龟作为药用，首载于东汉《神农本草经》，列为上品，谓之："龟甲味咸平。主治漏下赤白，破症瘕，疟疾，五痔，阴蚀，湿痹，四肢重弱，小儿囟不合。久服轻身不饥。"《食疗本草》中记载："龟甲：能主女人漏下赤白、崩中，小儿囟不合，破症瘕、疟疾，治五痔，阴蚀，湿痹，女子阴疮及骨节中寒热。"《本草纲目》中记载："龟甲：治漏下赤白，破症瘕，疟疾，五痔，阴蚀，湿痹，四肢重弱，小儿囟不合，久服轻身不饥，益气资智，使人能食。治心腹痛，不可久立，骨中寒热，伤寒劳复。治腰脚酸痛，补心肾，益大肠，止久痢，久泄，主难产，消痈肿。"

　　根据实验，龟甲（腹甲和背甲）含有骨胶原、胶质、大量钙、磷和多种氨基酸，其中蛋白质30%～34%，碳酸钙44%～56%，还含有 Sr、Zn、Cu、Mn、Cr、Mg、Fe 等多种人体必需的微量元素。龟肉中含有蛋白质、肽类、脂类及糖原磷酸化酶、丙氨酸转氨酶等多种酶。龟脑中含有天门冬氨酸、磷脂酰肌醇、神经鞘髓磷脂、卵磷脂等多种磷脂类物质。

　　龟甲对阴虚大鼠的各种阴虚症状均有纠偏作用。如使阴虚大鼠消耗量降低，痛阈延长，心率减慢，血糖升高，血浆皮质醇降低和血清中铜元素的含量及铜/锌比值降低；红细胞膜 Na^+、K^+–ATP 酶活性和 cAMP 含量显著下降；饮水量减少，尿量增加，明显阻止三碘甲状腺原氨酸（T3）引起的血浆黏度提高，T3、甲状腺素（T4）值明显下降，体重增加；胸腺、甲状腺、肾上腺、脾的结构及重量基本恢复正常或接近正常。

　　每日灌服龟甲胶液，可使小鼠白细胞数量明显升高，明显提高

体外培养二倍体细胞的生长增殖速度，提高小鼠腹腔巨噬细胞的吞
噬功能。给注射大剂量 T3 后引发甲亢的阴虚大鼠服用龟甲水煎液，
发现降低了的体液免疫和细胞免疫功能都得到较好的恢复。给 T3 造
成的甲亢型大鼠每日灌服龟甲水煎液，连续 6 天，还可使萎缩的胸
腺和甲状腺恢复生长，使肾上腺和脾的结构和重量基本恢复正常或
接近正常。通过进一步实验还发现：龟甲水煎液对大鼠、豚鼠、家
兔和人的离体子宫均有明显的兴奋作用。龟甲提取液能显著促进体
外培养第三十五代人胚肺二倍体成纤维细胞的生长增殖，表明其对
细胞具有延缓衰老作用。由此可知，龟的全身都是宝，各个部位均
含有多种活性成分，药理作用明显，临床应用广泛，具有重要的药
用开发价值和前景。

三、抗辐射保护作用

对于龟类的抗辐射保护作用，Turdyev 进行了较多的研究，报道
了从龟脾脏提取物中制备的一种药物对受辐射后小鼠的肝脏线粒体
功能状态的作用，发现龟脾脏提取物能使受辐射小鼠肝脏线粒体代
谢失调的低能状态转变为补偿的低能状态，线粒体蛋白的脂质微环
境的理化特性得到了部分修复。进而研究了四爪陆龟游离细胞组织
提取物对受辐射后小鼠体内造血作用的恢复效果，研究结果显示，
从龟中得到的脾脏提取物对受 8 Gy 剂量照射的小鼠具有很高的治疗
作用，小鼠骨髓细胞的多孔性被修复，存活率从对照组的 4.2% 提高
到 71.2%。他还研究了四爪陆龟的脾脏提取物的纯化组分对受 8 Gy
致死剂量照射小鼠的治疗作用，结果显示，其不仅能提高小鼠的存
活率，同时还对小鼠的造血作用以及脾脏的内源性克隆形成有刺激
效应。此外，还研究了四爪陆龟血细胞提取物的造血和免疫刺激作
用，检验了四爪陆龟主要器官和组织成分的放射治疗效力，结果表
明，血浆混合物、脾脏提取物、成年动物和胚胎肝脏混合物、肾脏
提取物和肌肉成分，这些成分都可以提高受辐射后小鼠和大鼠的存
活率。Ivanov 研究了龟脾脏提取物对受 8 Gy 剂量照射的小鼠肝脏内

质网脂质的影响，小鼠受辐射后立即用龟脾脏提取物进行处理，改变了微神经元细胞膜中脂质片段的组成，抑制了胆固醇、非脂化脂肪酸及甘油的含量的增长，表明龟脾脏提取物具有抗氧化效应。

我们的研究发现，乌龟的抗辐射能力明显高于小鼠。小鼠受 X 射线照射后活动能力减弱，食欲明显下降，6.5 Gy 剂量组第 14 天开始出现死亡，30 天内死亡率为 30%，60 天内死亡率为 80%；15 Gy 剂量组第 4 天出现死亡，第 5 天死亡率达 100%。乌龟受 X 射线照射后活动能力无明显变化，6.5 Gy 剂量组食欲无明显变化，60 天内无死亡；15 Gy 剂量组食欲稍有减退，从第 16 天开始出现死亡，30 天内死亡率为 20%，60 天内死亡率为 70%。乌龟受 X 射线照射后，各脏器及血清的超氧化物歧化酶（SOD）活性显著升高，血清的谷胱甘肽过氧化物酶（GSH-PX）活性也显著升高，以抵御 X 射线照射在体内产生的有害自由基，发挥清除剂的功能。

四、科研作用

龟类属于爬行动物，在生物进化中处于承上启下的地位，具有独特的形态结构、生态习性、生化代谢和生理机能，如背甲具有硬壳保护、耐饥长寿、冬眠习性、抗病力强等特点，是科研的好材料，具有极高的科研价值。

黑颈乌龟全身都是宝，除了具有一般龟类的营养功能、医疗保健作用及科研价值等之外，在治疗腰肌劳损方面具有独特的疗效，其机制有待进一步探寻。本着"在发展中保护，在保护中发展"的宗旨，广泛开拓黑颈乌龟的用途，充分利用人工养殖的黑颈乌龟资源，有利于黑颈乌龟产业乃至整个龟鳖产业的健康发展和持续发展，为子孙后代造福，为人类造福。

附　录

附录1　渔业水质标准^①

mg / L

项目	标准值
色、嗅、味	不得使鱼、虾、贝、藻类带有异色、异嗅、异味
漂浮物质	水面不得出现明显油膜或浮沫
悬浮物质	人为增加的量不得超过 10，而且悬浮物质沉积于底部后，不得对鱼、虾、贝类产生有害的影响
pH 值	淡水 6.5~8.5，海水 7.0~8.5
溶解氧	连续 24 h 中，16 h 以上必须大于 5，其余任何时候不得低于 3，对于鲑科鱼类栖息水域冰封期其余任何时候不得低于 4
生化需氧量（五天、20℃）	不超过 5，冰封期不超过 3
总大肠菌群	不超过 5 000 个 / L（贝类养殖水质不超过 500 个 / L）
汞	≤ 0.000 5
镉	≤ 0.005
铅	≤ 0.05
铬	≤ 0.1
铜	≤ 0.01
锌	≤ 0.1

---

① 摘自《渔业水质标准》（中华人民共和国国家标准，GB 11607–89）。

（续上表）

项目	标准值
镍	≤ 0.05
砷	≤ 0.05
氰化物	≤ 0.005
硫化物	≤ 0.2
氟化物（以 F^- 计）	≤ 1
非离子氨	≤ 0.02
凯氏氮	≤ 0.05
挥发性酚	≤ 0.005
黄磷	≤ 0.001
石油类	≤ 0.05
丙烯腈	≤ 0.5
丙烯醛	≤ 0.02
六六六（丙体）	≤ 0.02
滴滴涕	≤ 0.001
马拉硫磷	≤ 0.005
五氯酚钠	≤ 0.01
乐果	≤ 0.1
甲胺磷	≤ 1
甲基对硫磷	≤ 0.000 5
呋喃丹	≤ 0.01

附录2　黑颈乌龟养殖技术规程

1　范围

本标准规定了黑颈乌龟（*Chinemys nigricans*）养殖的环境条件、亲龟的培育、人工繁殖、稚龟饲养、幼龟饲养、商品龟饲养及主要病害防治技术。

本标准适用于黑颈乌龟的无公害养殖。

2　规范性引用文件

下列文件对于本文件的应用是必不可少的。凡是注明日期的引用文件，仅注明日期的版本适用于本文件。凡是不注明日期的引用文件，其最新版本（包括所有的修改单）适用于本文件。

GB 11607 渔业水质标准

GB/T 18407.4 农产品安全质量无公害水产品产地环境要求

NY 5071 无公害食品　渔用药物使用准则

NY 5072 无公害食品　渔用配合饲料安全限量

3　环境条件

3.1　场地选择

应符合 GB/T 18407.4 的规定，环境安静，水源充足，进、排水分开，交通便利，供电正常。龟池冬天背风向阳，便于龟晒背。

3.2　养殖用水

应符合 GB 11607 的规定。

4 龟池

分土池和水泥池两种，以建成背风向阳、东西走向的长方形为宜。各类龟池的设计参数详见表1。

表1 龟池的设计参数

龟池类型		面积（m²）	池深（m）	水深（m）
土池	稚龟池	10~20	0.3	0.01~0.05
	幼龟池	30~40	0.5	0.1~0.3
	成龟池	50~100	1.0	0.3~0.5
	亲龟池	600~900	1.5	1.0~1.2
水泥池	稚龟池	5~10	0.3	0.01~0.05
	幼龟池	20~30	0.5	0.1~0.3
	成龟池	50~100	0.8	0.3~0.5
	亲龟池	80~100	1.0	0.5~0.7

在土池中，亲龟池坡比1:3，坡岸四周留1 m～2 m宽的空地供亲龟活动，四周设50 cm高的防逃墙。池内设亲龟晒背台3个～4个，每个3 m²～5 m²；设饲料台若干个，饲料台与水面呈15°～30°倾斜，上半部高出水面20 cm。在池边设产卵场，产卵场高出池水面50 cm，面积按每只雌龟0.1 m²计算，内铺放粒径0.5 mm～0.6 mm、厚度30 cm～40 cm的细沙。在水泥池中，亲龟池陆地与水体所占面积的比例为1:3，龟池池底坡度约25°～30°。需设置产卵场所，其挖坑30 cm深，并填满洁净的、粒径为0.5 mm～0.6 mm、厚度为30 cm～40 cm的细沙。龟池四周装防护网。

5 亲龟培育

5.1 亲龟来源

亲龟宜选用野生或人工选育的非近亲交配育成的性成熟龟，形态应符合黑颈乌龟的分类特征，要求外形完整、反应灵敏、两眼有神、肌肉饱满有弹性、四肢粗壮、体色正常、体表无创伤和溃烂、无畸形、头颈伸缩自如。年龄为雄性 6 冬龄以上，雌性 5 冬龄以上。

雌龟尾短且较细，肛孔正对着背甲后缘或内缘。

雄龟尾长且基部较粗，肛孔距背甲后缘较远。

5.2 放养前的准备工作

5.2.1 放养前清池

亲龟放养前要预先清池消毒。

5.2.1.1 水泥池

如为新建的水泥池，则需进行脱碱处理，其方法有：

5.2.1.1.1 过磷酸钙法

每 1 000 mL 水中加过磷酸钙 1 kg，浸 1 d ~ 2 d。

5.2.1.1.2 酸性磷酸钠法

每 1 000 mL 水中溶入酸性磷酸钠 20 g，浸泡 2 d。

通过以上处理，可减少碱性物质对亲龟的影响。

5.2.1.2 土池

5.2.1.2.1 干池消毒

放干池水，清淤，日晒 3 d ~ 5 d。用生石灰 100 g/m²，以少量水化成浆全池泼洒。隔日注水至 1 m ~ 1.5 m，5 d 后放龟。

5.2.1.2.2 带水消毒

5.2.1.2.2.1 生石灰消毒

水深 1 m，用生石灰 200 g/m²，在池边溶化成石灰浆，均匀泼洒。5 d 后放龟。

5.2.1.2.2.2　漂白粉消毒

水深 1 m，用含有效氯 30%的漂白粉 10 g/m²；加水溶解后，立即全池泼洒。5 d 后放龟。

5.2.2　亲龟消毒

亲龟进池前要进行消毒，常用的方法是用高锰酸钾：浓度（15 ~ 20）mg/L，浸泡 15 min ~ 20 min。或用聚维酮碘（含有效碘 1%）：浓度 30 mg/L，浸浴 15 min。

5.3　性比

雌雄比例为（2 ~ 3）:1。

5.4　放养密度

水泥池 3 只/平方米；土池 1 只/平方米。

5.5　饲养

5.5.1　饲料种类和质量

饲料包括动物性饲料和植物性饲料。动物性饲料包括小鱼、小虾、蚯蚓和黄粉虫等。植物性饲料包括香蕉、南瓜和红薯等。动物性饲料与植物性饲料的比例为 2:1。饲料质量符合 NY 5072 规定。

5.5.2　投喂方法

投喂应严格按照定质、定量、定时、定点的"四定"原则。

5.5.2.1　定质

动物性饲料和植物性饲料应新鲜、无污染、无腐败变质。专用配合饲料质量应符合 NY 5072 的规定。以动物性饲料为主。

5.5.2.2　定量

鲜活饲料日投量为亲龟体重的 5% ~ 8%，配合饲料为龟体重的 1% ~ 3%，具体投喂量根据水温、天气情况和亲龟的摄食强度及时进行调整，控制在 2 h 内吃完为宜。

5.5.2.3　定时

龟的摄食量随水温的变化而增减，水温 20℃时，2 d 投喂一次；水温 25℃以上时，1 d 投喂一次。投喂时间为 17：00 左右。

5.5.2.4　定点

在固定位置设置饲料台。饲料台高出水面 1 cm ~ 5 cm。

6　管理

6.1　水质管理

用换水和加水方法调节水质，使水色呈淡绿色，透明度 20 cm ~ 30 cm。

6.2　日常管理

每天早晚巡池两次，观察水质变化情况和亲龟摄食、活动情况；及时清除残余饲料和污物，清扫饲料台；检查进排水及防逃设施，完成巡池日志。

6.3　冬眠期管理

做好冬眠前的准备工作，包括池水的更新，池底的清理消毒，亲龟的消毒。冬眠期工作的重点是保温和防范敌害生物侵袭。当冬季到来，室外气温降到 20℃ 以下时应在顶棚上用保温材料（石棉瓦或塑料薄膜）保温。保持温度在 5℃ 以上。

7　繁殖

7.1　产卵季节

产卵季节为 4 月份至 8 月份。

7.2　产卵前准备

在龟的产卵季节来临之际，要对产卵场进行清理，将产卵场的

杂草、树枝、烂叶清除，将板结的沙地翻松整平，疏通排水渠道。经常检查龟池四周有无蛇、鼠、猫等有害动物。孵化室和孵化箱要做好消毒和清洗工作。孵化用沙可用 20 mg/L 漂白粉溶液浸泡消毒，然后清洗干净，在阳光下晒干或烘干。

7.3　受精卵的收集和挑选

在整个产卵季节，每天早上和傍晚均要巡视产卵场，仔细检查产卵场是否有雌龟产卵的痕迹或是否有雌龟挖穴准备产卵。发现产卵痕迹时做好标记，48 h 后待受精卵出现白斑时再收集。卵收集的时间以 8：00 ~ 9：00 或 17：00 ~ 18：00 为宜。收卵时动作要轻柔，避免损伤卵壳。

7.4　受精卵孵化

7.4.1　孵化容器

孵化设备用木箱、陶瓷盆、泡沫箱、塑料箱或水泥池均可。木箱的规格一般为 40 cm × 30 cm × 20 cm。孵化房内安装控温、控湿设备。

7.4.2　孵化介质

孵化介质是指用来埋置龟卵进行孵化的物质。只要能保温、保湿、通气和对龟卵无毒、无损伤的物质均可作为孵化介质。常用的孵化介质有沙、土、沙土混合物及蛭石等。沙用无污染的河沙，沙的粒径为 0.5 mm ~ 0.7 mm。土用无污染的黄色土或红色土。沙土混合物中沙与土的比例为 1:1。蛭石的粒径为 0.3 mm ~ 0.6 mm。孵化介质应新鲜，并经消毒后使用。

7.4.3　受精卵的摆放

孵化器底部铺孵化介质 5 cm ~10 cm，将受精卵平放，有白斑的一面（动物极）朝上，卵间距为 2cm ~ 3 cm，卵上面再铺孵化介质 3 cm ~ 5 cm。

7.4.4　温度控制

孵化温度以 26℃ ~ 32℃为宜。

7.4.5 湿度控制

孵化介质中河沙及黄土的含水量（重量比）为 6% ~ 9%。

7.4.6 孵化管理

孵化的日常管理包括检查温度、湿度、通风情况，防止敌害生物侵袭和做好记录等。要保持孵化室适宜的温、湿度和孵化介质的适宜湿度，及时清除坏卵。

8 稚龟饲养

8.1 稚龟收集

如用水泥池孵化，在稚龟快要孵出前，于水泥池的一端安置一个盛有半盆水的塑料盆，盆底铺厚 2 cm ~ 3 cm 的细沙，盆口外沿低于沙层表面或与沙层平齐，便于稚龟爬入盆中进行收集。

8.2 稚龟暂养

刚孵出的稚龟腹甲较软，有些在其腹部尚留有卵黄囊，此时宜放在塑料盆或木盘中用清水暂养，水深约 2 cm。稚龟孵出后第 3 天开始喂食，可投喂熟蛋黄、红虫和肉泥等。日投喂量占稚龟体重的 8% ~ 10%，每天投喂 2 次，早、晚各 1 次，喂食后 0.5 h ~ 1 h 换水。稚龟暂养一周后可移入稚龟池饲养，入池前用 1 mg/mL 高锰酸钾溶液或 5% 的盐水浸泡消毒 15 min 左右。

8.3 放养密度

以 50 只/平方米 ~ 80 只/平方米为宜。

8.4 饲养管理

8.4.1 饲料及投喂

饲料种类和质量按 5.5.1。

日投饵量一般为稚龟体重的 3% ~ 5%。

分早、晚两次投喂，做到定时、定量、定质、定点。

8.4.2　水质管理

按 6.1 的规定。

8.4.3　日常管理

按 6.2 的规定。

8.4.4　越冬管理

在室内龟池中越冬，保持水温在 27℃～30℃之间。

9　幼龟饲养

9.1　饲养密度

以 20 只/平方米～30 只/平方米为宜。

9.2　饲养管理

按 8.4 的规定。日投饵量一般为幼龟体重的 4%～5%。

10　成龟饲养

10.1　养殖环境条件

10.1.1　水泥池单养

放养密度为 5 只/平方米～10 只/平方米。

10.1.2　池塘混养

多采用龟鱼混养。放养密度为 3 只/平方米～5 只/平方米。

10.2　饲养管理

10.2.1　水泥池单养管理

每天喂食 1 次，喂食时间为 17：00 左右。鲜活料为龟体重的
4%～5%；配合饲料为龟体重的 2%～3%。饲喂做到定时、定点、
定质、定量。

每天观察龟的活动、取食情况，注意天气、温度、水质的变化。
要适时加注新水或换水。发现病龟应及时捡出、诊断和治疗。

10.2.2　池塘龟鱼混养管理

水质管理按 6.1 执行。龟、鱼饲料分开投喂；勤巡塘，多查看，掌握龟、鱼的生长情况；防范蛇、鼠等敌害。

11　病害防治

11.1　防病原则

以"防病为主，治病为辅，综合治理"为原则。

11.2　防病措施

11.2.1　保持水质清洁

11.2.2　投喂优质饲料，保持营养平衡

11.2.3　定期用漂白粉、高锰酸钾等对龟池、饲料台、饲养工具进行消毒

11.2.4　发现病龟及时隔离，查明病因并及时采取防治措施

11.3　龟病治疗

龟病防治中药物的使用应符合 NY 5071 的规定。常见病的治疗方法见表 2：

表 2　常见疾病的治疗方法

疾病名称	主要症状	治疗方法
腐皮病	四肢、颈部、尾部皮肤坏死糜烂，出现溃疡。严重时骨骼外露，脚爪脱落	病情较重的可肌肉注射庆大霉素 40 000 IU/kg 龟体重/次，每天注射 1 次，连注 5 d～7 d
甲壳溃烂	甲壳表面有溃烂，严重者骨板也溃烂	优碘、四环素软膏局部涂抹，连用 5 d～7 d

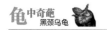

（续上表）

疾病名称	主要症状	治疗方法
水霉病	病龟的四肢和颈部可看到大量白色棉絮状物，在水中更易观察到。病龟食欲减退，烦躁不安，消瘦无力	(1) 用3%～4%的食盐水浸洗病龟15 min，每天2次，连用5 d～7 d (2) 全池遍洒食盐和小苏打合剂（1:1），使池水浓度达到1/1 000
肠炎病	病龟行动迟缓，少食或不食，粪便呈蛋清状，黑褐色、腥臭，排泄孔发红。严重时眼球下陷、皮肤松弛干燥、无光泽	(1) 用氟哌酸 4 g～5 g/kg 饲料，拌料投喂，连用5 d～7 d (2) 用庆大霉素 40 000 IU/kg 龟体重/次，肌肉注射，每天注射1次，连注5 d～7 d

参考文献

[1] 唐大由，李贵生，樊恩源，周黎华. 人工养龟. 北京：中国农业出版社，1999.

[2] 李丕鹏，王平. 爬行动物胸腺胚胎发育和机能形态学研究. 动物学杂志，1999，34（2）.

[3] 李贵生，唐大由. 三线闭壳龟的人工保育. 四川动物，2000，19（3）.

[4] 方堃，李贵生，唐大由. 孵化温度对乌龟性比的影响. 水利渔业，2000，20（1）.

[5] 李贵生，方堃，唐大由. 3 种龟卵的孵化研究. 水利渔业，2001，21（3）.

[6] 李贵生，唐大由. 红耳龟的人工养殖. 暨南大学学报（自然科学与医学版），2001，22（5）.

[7] 李贵生，唐大由. 三线闭壳龟繁殖生态的研究. 生态科学，2002，21（2）.

[8] 李贵生，方堃，唐大由. 安南龟的养殖技术. 水利渔业，2002，22（3）.

[9] 洪美玲，付丽容，王锐萍，史海涛. 龟鳖动物疾病的研究进展.动物学杂志，2003，38（6）.

[10] 周婷. 龟鳖分类图鉴. 北京：中国农业出版社，2004.

[11] 李贵生. 乌龟稚龟的生长研究. 水利渔业，2005，25（1）.

[12] 李贵生. 温度对黄喉拟水龟稚龟生长的影响. 暨南大学学报（自然科学与医学版），2005，26（3）.

[13] 周婷，陈如江，梁玉颜，李艺. 龟病图说. 北京：中国农业出版社，2007.

[14] 钱明明，宋杰，武斌，王海静，赵宝华. 中华鳖常见疾病的诊断及其综合防治. 动物医学进展，2009，30（4）.

[15] 张力群，李贵生. 广东乌龟五种器官的组织学观察. 生态科学，2009，28（2）.

[16] 徐金龙，李贵生. 广东乌龟消化道组织学观察. 生态科学，2009，28（2）.

[17] 李贵生，刘加根，梁宠荣，张秀萍. X射线全身辐射对乌龟存活率的影响. 生态科学，2009，28（3）.

[18] 付晓艳，陈晓艳，李贵生. 广东乌龟受水霉菌感染后的组织病理观察. 安徽农业科学，2010，38（22）.

[19] 顾博贤. 珍稀黄缘. 北京：中国文联出版社，2011.

[20] 周婷，李丕鹏. 中国龟鳖分类原色图鉴. 北京：中国农业出版社，2013.

[21] 汪建国. 鱼病学. 北京：中国农业出版社，2013.

[22] Turdyev AA, Ivanov VI, Trifonov Iu A, et al., Effect of a Tortoise Spleen Extract on the Functional State of Liver Mitochondria in Irradiated Mice, *Radiobiologiia*, 1984, 24（6）.

[23] Turdyev AA, Usmanov RB, Madzhidova D Kh, et al., Postradiation Recovery of Hematopoiesis in Mice Administered Cell-free Tissue Extracts from the Central Asiatic Turtle, *Radiobiologiia*, 1985, 25（5）.

[24] Turdyev AA, Usmanov RB, Iukel'son L Ia, et al., Therapeutic Effect of Purified Components of a Turtle Spleen Extract, *Radiobiologiia*, 1986, 26（5）.

[25] Ivanov VI, Turdyev AA, Aleksandrova IA, et al., Liver Microsomal Lipids of Mice Irradiated and Administered an Extract of Turtle Spleen, *Radiobiologiia*, 1987, 27（2）.

[26] Turdyev AA, Aleksandrov VV, Usmanov RB, et al., Hemo- and Immunostimulating Effect of an Extract from Blood Cells of the Central Asian Tortoise, *Radiats Biol Radioecol*, 1998, 38（2）.